幸福糖水

美味生活

甘智荣　主编

Happy
Sweet Soup

新疆人民出版总社
新疆人民卫生出版社

图书在版编目（CIP）数据

幸福糖水 / 甘智荣主编 . -- 乌鲁木齐 ： 新疆人民
卫生出版社， 2016.6（2018.4 重印）
（美味生活）
ISBN 978-7-5372-6564-5

Ⅰ . ①幸… Ⅱ . ①甘… Ⅲ . ①甜味－汤菜－菜谱
Ⅳ . ① TS972.122

中国版本图书馆 CIP 数据核字（2016）第 113050 号

幸 福 糖 水

XINGFU TANGSHUI

出版发行	新疆 人民出版总社 新疆 人民卫生出版社
责任编辑	张 宁
策划编辑	深圳市金版文化发展股份有限公司
版式设计	深圳市金版文化发展股份有限公司
封面设计	深圳市金版文化发展股份有限公司
地　　址	新疆乌鲁木齐市龙泉街 196 号
电　　话	0991-2824446
邮　　编	830004
网　　址	http://www.xjpsp.com
印　　刷	深圳市雅佳图印刷有限公司
经　　销	全国新华书店
开　　本	173 毫米 ×243 毫米　　16 开
印　　张	12
字　　数	150 千字
版　　次	2016 年 7 月第 1 版
印　　次	2018 年 4 月第 3 次印刷
定　　价	35.00 元

提起糖水，总能让人在一瞬间就联想到甜蜜、幸福和美好。

其实很多人喜欢糖水，不仅仅是喜欢它的口味，更是喜欢品尝它时流露出的小资情调，以及糖水所折射出的那份"慢生活"态度。

繁忙劳碌的生活中，我们有时候也需要停下来，花点时间犒劳自己。这样的犒劳无需投入太多，只是在茶余饭后或是朋友小聚之时，亲手制作一款糖水，与好友或者家人分享。此时，烦恼也会随着水汽瞬间消散，剩下来的，只有香甜的味道和舒适的心情，相信那肯定称得上是一种幸福的体验。

一碗糖水，或清润、或滋补，都是不错的美味选择。就让我们制作不同的糖水，让家人和朋友怀着不一样的期待，感受不一样的惊喜。

目 录
CONTENTS

Chapter 1
糖水基础篇

Chapter 2
喝出来的"苹果肌"：
养颜糖水

Chapter 3

喝出来的好身体：
滋补糖水

Chapter 4

喝出来的平心静气：
清润糖水

Chapter 5

喝出来的清爽十足：
清热糖水

在这里与糖水相识-

糖水制作巧用糖-

细数糖水食材-

制作糖水的锅具如何选择-

煮好糖水有妙招-

1 Chapter

糖水基础篇

糖水，相信常看TVB剧的人都不会陌生。

其实在香港、广东地区的人一年四季都喜欢喝糖水。

在广东的大街小巷里也总有许多貌不惊人的糖水店，

诱惑你进去一探究竟。

那么，一碗糖水究竟有何神奇之处，

怎样煲煮出一碗香甜诱人的糖水呢?

下面，一起来了解一下糖水的奥秘吧!

在这里与糖水相识

糖水是一种广东小吃的总称，又称甜汤、甜品。它和煲汤一样，都极具滋补养生的功效。糖水的起源可以追溯到古时王公贵族宴会后吃的一种甜汤，其作用是调和食气，帮助消化。

糖水现在主要流行于广东、广西、香港等地，主要成品有沙、汤、羹、粥等。其基本的制作方法就是选择一些或清热或温补的材料，加入水和糖，也可以再加入一些药材一起煲熟。因为糖水一般都煮得较浓稠，因此粤语一般不会称"饮糖水"，而是称之为"食糖水"。

糖水种类繁多，选择上可以做到"顺四时而适寒暑"。春季南方潮湿，可食用木瓜糖水祛湿，北方风燥，可食用红枣菊花羹滋补；夏季天气燥热，人经常出汗，致使体内养分流失，这时可食用绿豆沙和各式水果糖水清热及补充养分；秋季天气干燥，最重滋润，最宜食用雪梨银耳糖水以滋润皮肤及肺部，预防咳嗽；冬季寒冷，则可食用含姜和红枣的糖水暖身，以及各种干果糖水补充营养。

制作糖水的材料有很多，煲糖水时可以单独选择一种，也可以互相搭配。

糖水既可以作为饭后的甜品，也可以作为夜宵的小食，不仅消暑解渴，还老少皆宜，食用后可以为人们带来愉快的心情。

制作糖水的锅具如何选择

糖水是广东人家中必不可少的饮品，既能瘦身养颜，又能清热降火、滋补养生，但是糖水锅具的选择是很有讲究的。

汤勺

汤勺可用来舀取汤品，有不锈钢、塑料、陶瓷、木质等多种材质。煮糖水时可选用不锈钢材质的汤勺，耐用、易保存。塑料汤勺虽然轻巧隔热，但长期用于舀取过热的糖水，可能产生有毒化学物质。

砂锅

选择砂锅煮糖水时要注意挑选，砂锅表面要光滑细致，无细微裂痕，而且锅盖和锅身要密合。新买的砂锅第一次应先用来煮粥或是锅底抹油放置一天后再洗净，煮一次水。

电饭煲

使用电饭煲煮糖水，既方便又简单，但是使用电饭煲煮糖水也有一个缺点，那就是糖水容易溢出来。解决办法是把要煮的东西放进锅里，然后打开煮饭功能，把电饭煲上散热的塞子拿下来，再把盖子打开即可。

高压锅

高压锅在煲汤或糖水时，温度可达120℃以上，食物中的维生素B_1、维生素B_2由于不耐高温会损失掉50％以上。而食物中的蛋白、脂肪及淀粉的损失则是极少的，经过加热，更便于人体消化吸收了。

不锈钢锅

不锈钢锅是必备的煮汤器具之一，既美观又耐用，而且它不生锈，受热均匀，并且还不容易粘锅，煮出来的糖水也很美味，但是需要选用锅底厚的不锈钢锅。

糖水制作巧用糖

糖水最不可缺少的材料当然是各种糖了。不同的糖有不同的功效，以下列出五种糖水制作中常用的糖类，读者可根据自己的需求酌情选择。

糖水良配——冰糖

煲糖水所使用的糖中，以冰糖最为常见。冰糖是砂糖的结晶再制品。自然生成的冰糖有白色、微黄、淡灰等颜色，由于其结晶如冰状，故名冰糖。其味甘、性平，有补中益气、和胃润肺的功效。

冰糖润肺止咳、养阴生津，因其对肺燥咳嗽、干咳无痰、咯痰带血有很好的辅助治疗作用，而被广泛用于医药和食品行业用来生产高档补品和保健品。

老年人含化冰糖还可以缓解口干舌燥。在药理上，它能补充体内水分和糖分，具有补充血糖、供给能量、补充体液、强心解毒等作用。

冰糖还有清热祛火的功效，它能与菊花、枸杞、山楂、红枣等配合得极好，也是炮制药酒、炖煮补品的辅料，一般人群均可食用。但是糖尿病患者忌食。

补血上品——红糖

红糖由甘蔗压榨出的汁熬制而成。中医认为，红糖具有健脾暖胃、驱风散寒、益气养血、活血化瘀之效，特别适于儿童、贫血者和产妇食用。

红糖可以快速地补充体力。适量饮用红糖水，可缓解孩童的中气不足、食欲不振、营养不良等问题；对于老人和经期女性，还能散瘀活血、利肠通便、缓肝明目。特别是女性、年老体弱者和大病初愈的人，饮用红糖水有极好的疗虚进补作用。红糖煲姜还可以祛寒。

滋补佳品——白糖

白糖是由甘蔗和甜菜榨出的糖蜜制成的精糖，色白干净，甜度较高，一般人群均可食用。

适量食用白糖有助于提高机体对钙的吸收，但是不要过多食用，以免妨碍钙的吸收。另外，肺虚咳嗽、口干燥渴、醉酒者和低血糖病人较宜食用白糖。

但是糖尿病患者、肥胖症患者和痰湿偏重者不能食用白糖；晚上睡前不要吃白糖，特别是儿童，以免产生蛀牙。

排毒养颜——蜂蜜

蜂蜜是一种营养丰富的天然滋养食品，味道甜蜜，所含的单糖不需要经过消化就可以被人体吸收，对妇女、幼儿还有老人更具有良好的保健作用。

蜂蜜能改善血液的成分，保护心血管和肝脏，对脂肪肝的形成有一定的抑制作用；常食用蜂蜜对牙齿无碍，还能在口腔内杀菌消毒；蜂蜜能治疗中度的皮肤损伤，特别是烫伤。

未满一岁的婴儿和苔厚腻者不宜食用蜂蜜。

细数糖水食材

糖水中常见的食材大概可以分为：蔬菜类、水果类、干果类和粮豆类四大类。其中水果和蔬菜是最为主要的糖水制作食材。下面给大家介绍一下常见的糖水食材小常识。

蔬菜类

西红柿：剥西红柿皮时，把开水浇在西红柿上，或者把西红柿放入开水中焯一下，就可以很容易地剥掉皮了。

红薯：为健康着想，食用红薯前最好先清洁干净再去皮。做糖水时，红薯最好不要与鸡蛋搭配，否则易引起腹痛、消化不良。

姜：因为姜属于根茎类，所以食用前需要清洗干净并削皮。秋季和夜晚不宜食用姜。

马蹄：马蹄可以作为水果生吃，也可以煮熟后食用。因为马蹄生长于浅水泥中，所以在食用前最好先清洗干净再削皮食用。

山药：山药宜去皮食用，以免产生麻、刺等异常口感。削去皮的山药可以放在醋或者清水中，防止变色。

银耳：银耳泡开后，应去掉未泡发开的部分，特别是淡黄色的部分一定要全部去除，否则有酸味，影响口感。

水果类

甘蔗：甘蔗霉变后质地较软，瓤肉颜色略深，为淡褐色，闻之无味或有酒糟味，有毒不可食。

荔枝：荔枝应挑果肉透明，但汁液未溢出、果肉结实的果实。荔枝壳上有一条纵向竖线，沿着它很容易捏开去壳。

柚子：食用药品后，不宜吃柚子。因为柚子可以令血液浓度明显增高。

枇杷：做枇杷糖水时，如果汁液粘在衣服上，最好泡在温水中半个小时再用洗洁精清洗。

干果类

莲子：在煲糖水前，莲子一定要用热水浸泡，否则硬的莲子不好咬。而且要想莲子没有苦味，可以用牙签从莲子的顶端插入，把莲子芯顶出来。

红枣：红枣皮中含有丰富的营养素，煲糖水时应连皮一起煲。泡干红枣的水也可以一起煲。

核桃：把核桃放入蒸屉内蒸3~5分钟，放入冷水浸泡3分钟，用锤子在核桃周围轻轻敲打即可取出完整的核桃仁。

白果：白果有微毒，在烹饪前需先经温水浸泡数小时，然后入开水锅中煮熟后再行烹调，这样可以使有毒物质溶于水中或受热挥发。

粮豆类

小米：小米煮糖水宜与豆类搭配，可以提供给人体更完善、全面的营养。小米与粳米同食也可提高其营养价值。

薏米：薏米煮糖水前应先用清水浸泡半个小时，同时消化功能较弱的孩子和老弱病者应忌食薏米。

绿豆：绿豆煮前浸泡可缩短煮熟时间。服补药时不要吃绿豆，以免降低药效。

煮好糖水有妙招

煮好一碗糖水，除了需要类似老火汤的精工细作，也需要对一点一滴精妙技法的拿捏到位。那么，如何才能煲煮出美味的糖水呢？下面，就教你一些小技巧。

怎样浸泡干百合？

干百合泡水的时间不要太长，30~40分钟即可，因为干百合泡太久容易碎，煮的时候就容易烂。

怎样泡发干雪蛤？

把干雪蛤用微热的清水浸泡2~3小时，发好后将水中的杂质捞出即可使用。若觉得浸泡过程时间过长，可买市售泡好的雪蛤。

什么时候放糖最好？

糖水快煮好的时候再放糖，并用勺子搅拌，可加速糖块的溶化，使甜味更加均匀。如果过早放糖，待汤汁煮得浓稠后，很容易出现焦煳味，影响糖水的美观和口感。

如何煮绿豆沙不变色？

煮绿豆糖水时一定要用纯净水，放入几片山楂片同煮，这样煮好的绿豆便会变得沙沙的，颜色才会是碧绿色的。煮的整个过程不要盖锅盖。并且水要一次性加足，中间不宜加水，否则煮出来的绿豆沙会水沙分离。

如何煮西米更爽口？

西米颗粒较小，烹调不当，就很容易粘成一团，所以烹煮西米时要掌握三个关键步骤，就是"先煮、后焖、再冲凉"。

煮。锅中注入足量的水，水煮至快开时，放入洗好的西米，边放边搅拌，以免西米粘在锅底。如果中途需要加水，必须加热水，绝不能加冷水。

焖。西米煮10~15分钟后，盖上锅盖，再继续焖几分钟，让西米熟透。

冲凉。用漏勺捞出焖熟的西米，放入到准备好的凉水中，也可直接用自来水冲凉，目的是让西米更加清爽，不要粘在一起。

如何煮莲子才会烂？

想要莲子煮得烂，有两个小诀窍：一是莲子不泡水。将水煮开后，放入备好的莲子，煮熟即可。还可以将莲子放在冷冻室里一天，然后拿出来煮就很容易烂。

煮莲子还可不用高压锅，水煮开后只需煮5分钟后关火放在炉子上焖着，等锅稍凉后再开火煮沸，重复三次就好了。

吹弹可破_

肤如凝脂_

晶莹剔透_

面若桃花_

光滑细腻_

2 Chapter

喝出来的"苹果肌"：
养颜糖水

听说过这样一句话吗："女人是靠补出来的。"
女人要想由内而外地拥有"苹果肌"，
不仅要注重日常的肌肤保养，
还要给肌肤底层更多的美丽支撑。
而最简单的手段莫过于煲一碗糖水了，
只要在众多的食材里精选几种进行排列组合，
加上水和糖，煮一段时间，就大功告成了。

菠萝蔓越莓饮

原料

蔓越莓干·······················80克
菠萝···························250克
柠檬汁·························少许
柠檬片·························适量
薄荷叶·························少许

调料

蜂蜜···························少许

做法

1 菠萝去皮，洗净，切成小块。

2 杯中放入柠檬汁、适量矿泉水，再放入少许蜂蜜及薄荷叶浸泡片刻。

3 锅中倒入泡好的薄荷柠檬水，放入切好的菠萝块、柠檬片，煮片刻。

4 再放入备好的蔓越莓干，煮片刻，装入杯中即可。

 小叮咛 ▸▸ 柠檬汁不宜太浓，否则煮后会偏酸。

多彩莓汤

 制作时间 8分

 人份 1人

原料

草莓··························50克
桑葚··························30克

调料

白糖··························适量

做法

1 将草莓洗净去蒂，对半切开；桑葚洗净，装盘待用。

2 锅用水洗净，置于火上，加入适量清水，放入切好的草莓，大火烧沸。

3 再倒入洗净的桑葚，改为小火，煮至食材熟软。

4 加入适量白糖，搅拌均匀，继续煮至白糖完全溶化。

5 关火，将食材和汤汁盛出，即可饮用。

 小叮咛 ▶▶▶ 草莓含有果糖、柠檬酸、苹果酸以及钙、磷、铁等矿物质，可起到美容养颜、帮助消化的功效。

缤纷鲜果糖水

 制作时间 9分
 人份 2人

原料

石榴肉 …………………… 200克
草莓 ……………………… 150克
菠萝 ……………………… 150克

调料

蜂蜜 ……………………… 少许

做法

1 草莓去蒂, 洗净, 切块; 菠萝
去皮, 洗净后切块。

2 取出备好的榨汁机, 选择搅拌
刀座组合, 倒入备好的石榴
肉、草莓块。

3 再慢慢注入适量纯净水, 盖好
盖子。

4 选择榨汁机的"榨汁"功能,
榨取果汁。

5 断电后倒出石榴汁, 倒入锅中
加热, 放入菠萝块, 加入少许
蜂蜜拌匀即成。

小叮咛 ▶▶▶ 此糖水煮好后马上离火, 凉凉后放入冰
箱, 随喝随取。

奶油草莓浓汤

 制作时间
5分

 人份
1人

原料

草莓·························· 150克

奶油·························· 10克

新鲜薄荷叶 ················· 适量

调料

白糖·························· 30克

做法

1 把草莓用清水洗净，去除果蒂；把新鲜薄荷叶洗净，备用。

2 在锅中注入适量清水烧开，倒入处理好的草莓。

3 将草莓煮片刻，倒入白糖。

4 把白糖拌煮均匀，煮至溶化，再继续煮至糖水浓稠。

5 将煮好的糖水盛出，装入碗中。

6 糖水中放上奶油，再点缀上薄荷叶即成。

 小叮咛 ▶▶ 草莓味甘、性凉，有明目养肝、润肺生津、利尿消肿的作用。

芦荟蜜

制作时间 255分

人份 1人

原料

芦荟·······························130克
鱼胶粉·····························15克

调料

白糖·································5克
蜂蜜································5毫升

 小叮咛 ▶▶▶ 芦荟含有75种元素，是集食用、药用、美容于一身的保健食材。

做法

1 将芦荟洗净，去掉含有苦味素的表皮；把芦荟肉用热水烫一下，捞出，切成块。

2 把芦荟块和300毫升水一起打成果汁；白糖和鱼胶粉充分混合。

3 把芦荟汁倒入锅中，并倒入混合好的鱼胶粉，搅拌匀并煮至沸腾。

4 将锅中食材倒入模具中，放入冰箱冷藏4小时左右。

5 将蜂蜜倒入碗中，注入适量纯净水，搅拌成汤汁，将成型的果冻倒入汤汁中即成。

猕猴桃苹果糊

制作时间 **6**分　人份 **1**人

原料

猕猴桃·······························250克
苹果·······························80克
小饼干·····························适量

调料

冰糖·······························20克

做法

1　将洗净的苹果去皮，切开，去核，切成小瓣，再切成小块。

2　洗好的猕猴桃切去头尾，去除果皮，把果肉切成瓣，再去除硬芯，切成条，改切成丁。

3　取榨汁机，选择搅拌刀座组合，倒入切好的苹果、猕猴桃，注入适量纯净水，榨取水果汁。

4　倒出水果汁，转入锅中，放入冰糖，煮至冰糖溶化，盛出，撒上小饼干即可食用。

小叮咛 ▸▸▸　猕猴桃芯比较硬，应去除，以节省榨汁时间。

薄饼苹果糖水杯

 制作时间 人份
20分 **1**入

原料

面粉·······················100克
牛奶·····················125毫升
鸡蛋···························1个
黄油··························10克
姑娘果·························1颗
苹果···························1个

调料

冰糖··························20克

做法

1 鸡蛋打入碗中，搅散；黄油装碗，放入锅中，隔水融化；姑娘果撕开外皮，洗净；苹果洗净去皮、去核，切块。

2 把面粉、牛奶、鸡蛋、黄油倒入碗中，拌成稀面糊。

3 锅中注油加热，倒入面糊，摊成圆形，煎片刻，盛出。

4 把饼趁热卷成杯状，剩下的饼折好，摆在盘边。

5 锅注水烧开，倒苹果煮沸，加入冰糖，煮至冰糖溶化，捞出，装入薄饼杯内，点缀上姑娘果即可。

 小叮咛 ▶▶ 煎面糊的时候，要等饼边缘翘起再用锅铲翻面。

猕猴桃甜汤

制作时间 35分 人份 2人

原料

猕猴桃 ······························ 2个

银耳 ······························ 少许

调料

冰糖 ······························ 20克

做法

1 将银耳用水泡软，洗净；猕猴桃洗净，去皮切小块。

2 将银耳放入锅中，加水，用小火煮30分钟。

3 加入冰糖煮至糖化。

4 加入猕猴桃块，继续煮1分钟即可关火。

 小叮咛 ▶▶ 泡好的银耳仍然皱着的部位不宜食用，应去除。

猕猴桃香蕉糊

制作时间 8分　人份 2人

原料

猕猴桃 ························· 250克
香蕉························· 150克
核桃仁 ························· 少许
小饼干 ························· 适量

调料

冰糖························· 20克

做法

1 将洗净的香蕉去皮，切开，切片；核桃仁洗净，切碎。

2 洗好的猕猴桃切去头尾，去除果皮，把果肉切成瓣，再去除硬芯，切成条，改切成丁。

3 取榨汁机，选择搅拌刀座组合，倒入切好的香蕉、猕猴桃，注入适量纯净水，榨取水果汁。

4 倒出水果汁，转入锅中，放入冰糖、核桃，煮至冰糖溶化，盛出，撒上小饼干即可。

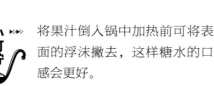
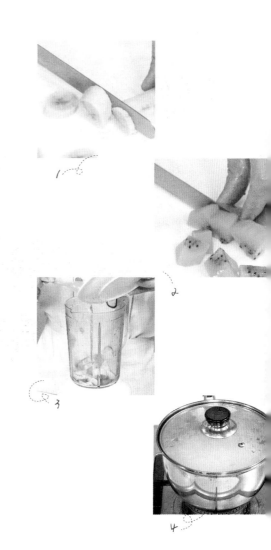

小叮咛 ▶▶▶ 将果汁倒入锅中加热前可将表面的浮沫撇去，这样糖水的口感会更好。

芒果黑糯米甜甜

原料

芒果······················140克
水发糯米·················90克
水发黑米·················90克
酸奶·····················60克

做法

1 洗净的芒果去核，去皮，取肉，切块；空碗中倒入泡好的糯米、黑米，注入适量清水。

2 电蒸锅注水烧开，放入食材，蒸30分钟至糯米和黑米完全熟软。

3 另取豆浆机，倒入芒果块、酸奶，榨约30秒成芒果汁。

4 取下机头，将榨好的芒果汁倒入碗中，将米粒捏成团，放在芒果汁里即可。

小叮咛 ▶▶ 芒果较燥热，多吃易上火，不要一次性吃太多！

紫米白雪黑珍珠

 制作时间 **5** 分
 人份 **1** 人

原料

紫米糯米粥 ······················200克
椰浆 ·····························50毫升
木瓜 ······························50克

调料

蜂蜜 ······························30克

做法

1 洗净的木瓜去皮，去籽，切成小块。

2 取一碗，倒入椰浆。

3 用取球器从黏稠的紫米糯米粥中取出球形，放入装有椰浆的碗中。

4 放入切好的木瓜，倒入蜂蜜即可食用。

 小叮咛 ▶▶ 木瓜含有碳水化合物、蛋白质、纤维素等营养成分，可以美容、健脾止泻。

木瓜银耳炖牛奶

 制作时间 47分 人份 2人

原料

去皮木瓜·························· 135克

水发银耳·························· 100克

水发枸杞···························· 15克

水发莲子······························ 70克

牛奶····························· 100毫升

调料

冰糖······························ 45克

做法

1 木瓜切块；泡好洗净的银耳切去黄色根部，再切块，待用。

2 砂锅注水烧热，倒入银耳块，加入泡好洗净的莲子，搅匀。

3 放入冰糖，加盖，用大火煮开后转小火炖30分钟至食材熟软。

4 揭盖，倒入木瓜块、枸杞、牛奶，炖15分钟至食材入味即可。

 小叮咛 ▶▶ 如果希望甜品有微稠的口感，炖煮时间可以延长至1小时。

木瓜皂角米银耳羹

 制作时间 168分

 人份 2人

原料

水发银耳·····························40克

木瓜块200克·····················200克

皂角米·································适量

枸杞·····································适量

调料

冰糖·····································适量

做法

1 皂角米泡发；银耳泡发30分钟，枸杞泡发10分钟，泡好后将皂角米、银耳、枸杞沥干水分，分别装盘待用。

2 锅中注水，放入泡好的皂角米、银耳，加盖，用大火煮开后转小火煮100分钟。

3 揭盖，放入木瓜块，搅匀，加盖，续煮10分钟至木瓜块微软。

4 揭盖，放入冰糖和泡好的枸杞，搅拌均匀，续煮10分钟至汤品入味，盛入碗即可食用。

小叮咛 ►► 银耳的黄色根部要切干净，以免影响口感。

传世五宝汤

制作时间 17分

人份 1人

原料

鲜百合 ···································· 20克

红枣 ······································ 25克

桂圆肉 ···································· 35克

水发银耳 ·································· 50克

山药 ······································ 60克

调料

白糖 ······································ 10克

做法

1　去皮洗净的山药切成小块；银耳洗净，切去根部，再切小朵。

2　开水锅中，倒入备好的红枣、百合、山药。

3　放入洗净的桂圆肉、银耳，煮约15分钟至熟软。

4　倒入白糖，煮至溶化，盛出即可。

小叮咛 ▶▶ 百合略带苦味，可先在放有糖的开水中过一下水，再煮的话，苦味就不会那么重。

柚子香紫薯银耳羹

制作时间 32分

人份 2人

原料

紫薯块 ························· 70克
葡萄柚 ························· 80克
水发银耳 ····················· 10克
蜂蜜柚子茶 ··············· 100毫升

调料

冰糖 ·····························适量

做法

1 砂锅中注水烧开，倒入紫薯块，加入葡萄柚、银耳。

2 盖上盖，用大火煮开后转小火煮30分钟至食材熟透。

3 揭盖，倒入蜂蜜柚子茶，搅拌均匀。

4 略煮片刻，至汤汁入味，盛入碗中即可。

小叮咛 ▸▸▸ 容器中加水没过银耳，放入微波炉加热两分钟，可快速泡发银耳。

枸杞党参银耳汤

制作时间 35分 人份 1人

原料

水发银耳·····························80克
枸杞·································8克
党参·································20克

调料

冰糖·································20克

做法

1 洗净的银耳切去根部，再切成小块，备用。

2 砂锅中注入适量清水烧开，倒入备好的银耳、党参、枸杞。

3 盖上盖，用小火煮约30分钟至食材熟透。

4 揭开盖，放入冰糖，搅拌匀，煮至溶化，关火后盛出煮好的甜汤，装入碗中即可。

 小叮咛 ▶▶▶ 泡发银耳时加点生粉，煮出来的银耳口感更佳。

银耳玉米甜汤

 制作时间 人份

20分 2人

原料

泡发银耳·····················150克
鲜玉米粒·····················200克

调料

冰糖·························15克

做法

1 洗净的银耳切成小朵；洗净的玉米粒切碎。

2 锅中倒入约600毫升的清水烧热，放入切好的银耳，盖上盖子，大火煮沸后转用小火，煮10分钟至食材熟软。

3 取下盖子，放入冰糖，拌匀，盖上盖，用小火煮5分钟至冰糖溶化。

4 揭开盖，放入玉米碎，拌匀，盖上盖，煮约3分钟至沸，拌匀，使羹汁黏稠即可。

 小叮咛 ▶▶ 选用偏黄一些的银耳口感较好；炖好的甜品放入冰箱冰镇后饮用，味道更佳。

桂圆红枣补血糖水

制作时间 50分　人份 1人

原料

桂圆肉…………………………20克

枸杞………………………… 15克

红枣…………………………25克

蜜枣…………………………20克

调料

冰糖…………………………适量

做法

1 将桂圆肉、枸杞、红枣、蜜枣倒入装有清水的碗中洗净。

2 锅中注水，倒入清洗好的食材，盖上盖，大火煮开转小火煮40分钟。

3 掀开锅盖，加入适量冰糖，搅匀调味。

4 盖上锅盖，继续煲煮10分钟，将甜汤盛出装入碗中即可食用。

 小叮咛 ▶▶ 洗净的食材也可以用清水泡发10分钟，能缩短烹煮时间。

桂圆红枣木瓜盅

 制作时间 18分

 人份 2人

原料

木瓜······················ 500克

莲子······················ 30克

桂圆肉····················· 25克

水发银耳··················· 40克

枸杞、红枣················ 各少许

调料

蜂蜜······················ 10克

食粉······················ 少许

做法

1 木瓜洗净，切去尾部，取一半，边缘雕成锯齿状，去表皮和果肉，制成盅。

2 开水锅中放入食粉，倒入洗净的银耳、莲子，煮约1分钟，捞出，沥干。

3 将红备好的枣、枸杞、桂圆肉、银耳、莲子放入开水锅中，拌匀，用中火煮15分钟左右。

4 加入蜂蜜，略煮，盛出装入盅内；将木瓜盅蒸至熟透，取出即可。

小叮咛 ▶▶▶ 熟一点的木瓜用小火煮，味道会更绵软。

玉米牛奶糖水

制作时间 8分   人份 2人

原料

玉米粒 ·······················200克
牛奶 ·······················500毫升
奶油 ·······················适量

调料

白糖 ·······················适量

做法

1　锅置火上，倒入备好的牛奶，再放入奶油。

2　倒入150克洗净的玉米粒，搅拌匀，用中火煮约4分钟至玉米熟软，关火后盛出煮好的材料，装入容器中，放凉待用。

3　取榨汁机，选择搅拌刀座组合，倒入材料，盖上盖。

4　选择"榨汁"功能，榨约2分钟，至玉米粒成粉末状，滤入碗中，再入锅加剩余玉米粒加热即可。

 小叮咛 ▸▸ 玉米粒也可切碎了再煮，这样能缩短榨汁的时间。

桂圆燕窝

制作时间 190分　人份 1人

原料

桂圆·······························100克
燕窝·······························5克

调料

冰糖·······························适量

做法

1 桂圆剥皮，去核洗净。

2 将燕窝用温水泡发好，然后用清水过滤两至三次，备用。

3 锅置火上，加入适量清水，将桂圆、燕窝、冰糖一起放入锅内，拌匀。

4 开火，小火慢炖3小时左右。

5 待锅内的燕窝呈晶莹剔透状，发出蛋白清香即熄火。

6 将糖水盛入玻璃碗即可。

 小叮咛 ▸▸▸ 泡发燕窝时，不要沾到油，以免影响燕窝的口感。

冰糖雪耳花胶炖木瓜

原料

花胶·····················20克

银耳·····················25克

木瓜丝·····················30克

调料

冰糖·····················适量

做法

1　花胶泡发；银耳用清水泡发30分钟；木瓜丝清水泡发10分钟，捞出。

2　捞出泡好洗净的银耳，切块；捞出泡好洗净的花胶，切成小段，备用。

3　砂锅注入适量清水，倒入切好的木瓜丝、银耳、花胶，搅拌均匀。

4　加盖，用大火煮开后转小火炖2小时，加入冰糖，搅拌均匀至溶化即可。

 小叮咛 ▸▸ 冰糖可以和汤料一同放入锅中，味道会更清甜。

蔓越莓桃胶雪耳羹

 制作时间 **82**分

 人份 **1**人

原料

桃胶·······················10克

蔓越莓····················20克

枸杞子····················15克

红皮花生··················20克

银耳、薏仁···············各20克

调料

冰糖·······················适量

做法

1 桃胶、银耳分别用清水泡发；蔓越莓、枸杞均泡发10分钟。

2 薏仁、花生均用清水泡发10分钟；泡发好的银耳切去根部，切块。

3 锅中注水，倒入泡发滤净的桃胶、银耳、薏仁、花生，煮50分钟。

4 倒入泡发滤净的蔓越莓、枸杞，放入冰糖，小火继续煲煮10分钟即可。

 小叮咛 ▶▶▶ 桃胶最好提前泡发，以免耽误烹制。

雪蛤油木瓜甜汤

制作时间 35分 人份 2人

原料

木瓜	160克
水发西米	110克
红枣	45克
水发雪蛤油	90克
椰奶	30毫升

做法

1　洗净的木瓜去皮，切成丁，待用。

2　砂锅中注入适量清水，倒入洗净的西米、红枣、雪蛤油，拌匀。

3　加盖，大火煮开后转小火煮30分钟至熟。

4　揭盖，加入木瓜丁、椰奶，稍煮片刻至沸腾，关火后盛出煮好的汤，装入碗中即可食用。

小叮咛 ▶▶▶ 雪蛤油含有不饱和脂肪酸、磷脂化合物，具有护肤美容的作用。

红枣冰糖雪蛤汤

 制作时间 **92** 分

 人份 **2** 入

原料

水发雪蛤油 ························· 70克
红枣 ································· 55克

调料

冰糖 ································· 35克

做法

1 砂锅中注入适量清水，放入洗净的红枣、雪蛤油、冰糖，搅拌均匀。

2 加盖，大火煮开后转小火煮90分钟至释放出有效成分。

3 揭盖，稍稍搅拌至入味。

4 关火后盛出煮好的汤，装入碗中即可。

 小叮咛 ▶▶ 泡发雪蛤油的时候放少许姜片能去除腥味。

祛痘祛斑汤

 制作时间 **172**分 人份 **1**人

原料

龙牙百合·····························20克
杏仁································15克
绿豆································25克
枸杞································15克
红豆································15克

调料

冰糖································适量

做法

1　龙牙百合、枸杞清水泡发15分钟；杏仁清水泡发10分钟；红豆、绿豆泡发2小时。

2　砂锅中注入适量清水，倒入泡发滤净的红豆、绿豆、杏仁，煮50分钟。

3　倒入冰糖，放入泡发滤净的龙牙百合、枸杞，盖上锅盖，煮片刻至入味。

4　将煮好的甜汤盛出装入碗中即可食用。

小叮咛 泡发好的豆类最好立刻烹制，以免发芽变质。

珍珠椰子油椰奶

制作时间 12 分　人份 1 入

原料

圣女果 ·····················60克
珍珠粉圆 ·····················80克
椰奶 ······················400毫升
罗勒叶 ························6片

调料

蜂蜜 ·····························5克
椰子油 ·····················10毫升

做法

1　洗净去蒂的圣女果对半切开，待用。

2　锅中注水烧开，倒入珍珠粉圆，煮约
　　8分钟捞出，过凉水。

3　取两个碗，分别装入一半珍珠粉圆，
　　倒入适量椰奶，搅拌均匀。

4　分别放上三瓣圣女果，摆上洗净的罗
　　勒叶，淋上椰子油、蜂蜜即可。

 小叮咛 ▶▶ 椰奶含有蛋白质、脂肪、胡萝卜素、钙等营养成分，具有润肺、健脾、润泽肌肤、滋阴养颜等作用。

玫瑰花桂圆生姜汤

制作时间 22分　人份 1人

原料

玫瑰花	3克
桂圆肉	20克
红枣	25克
枸杞	8克
姜片	10克

调料

白糖	20克

做法

1. 砂锅中注入适量清水烧开，放入备好的玫瑰花、桂圆肉、红枣、枸杞、姜片。

2. 盖上盖，用小火煮约20分钟至食材熟透。

3. 揭盖，放入适量白糖，搅拌均匀，煮至溶化。

4. 关火后盛出煮好的姜汤即可。

 小叮咛 ▶▶ 煲糖水时水要一次性加足，中途不宜再加水。

玫瑰汤圆

 制作时间 11分
 人份 3人

原料

糯米粉	600克
澄面	200克
猪油	150克
玫瑰花	25克
花生	200克
姜片、枸杞	各少许

调料

白糖	150克

做法

1 澄面加适量温开水揉成澄面团；糯米粉加50克白糖、清水，揉成面团，再加澄面团、猪油，揉成糯米团，冷藏。

2 炒锅烧热，倒入花生米炒熟盛出，剥去外衣；将玫瑰花、花生米分别磨碎，加入70克白糖、猪油拌匀，制成馅料。

3 取出冻好的糯米团，揉搓成长条形，分成数个小剂子，压扁，放入馅料，收紧口，搓圆成汤圆生坯。

4 锅中注水烧开，加入姜片、枸杞、汤圆生坯，煮约5分钟，加入剩余白糖拌匀即可。

 小叮咛 ▶▶ 汤圆入锅后，应立即用勺子朝同一方向略作搅动。

芒果汤圆

制作时间 4分　人份 1人

原料

小汤圆····························· 270克
芒果····························· 150克
圣女果···························· 130克

调料

白糖······························5克

做法

1 在芒果上取出果肉，改切小块；洗净的圣女果对半切开。

2 汤锅置于旺火上，注水烧开，倒入小汤圆，大火煮一会儿，至汤圆浮起。

3 倒入切好的芒果、圣女果，搅拌均匀，煮至断生。

4 撒上白糖，搅匀，煮至糖分溶化，盛入碗中即可。

 小叮咛 ▸▸▸ 芒果较涩口，加入的白糖要适当多一点，口感才好。

水果汤圆

 制作时间 10分

 人份 1人

原料

汤圆·························· 150克
草莓··························· 20克
去皮芒果······················ 20克

调料

白糖··························· 5克

做法

1 洗净的草莓对半切开；洗好的芒果取肉，切成小块，备用。

2 取电饭锅，倒入汤圆，注入适量清水，拌匀，蒸煮10分钟。

3 按"取消"键断电，开盖，加入切好的芒果、草莓、白糖，拌匀。

4 盛出煮好的汤圆，装入碗中即可。

 小叮咛 ▶▶▶ 煮汤圆时水只要没过汤圆即可，这样煮出来的汤圆口感才好。

开胃消食_

增强免疫力_

生津止渴_

润肠祛燥_

养肝明目_

3

Chapter

喝出来的好身体：
滋补糖水

糖水既可以作为饭后甜品，还可以作为下午茶点，
同样也可以作为精致夜宵。
滋味各异的水果的融入让糖水色彩斑斓，
而五谷杂粮的加入使得糖水多了些变化的同时，
营养也得到大大的提升。
我们只要根据不同的主料来配搭相宜的辅料，
就能轻轻松松喝出棒棒的好身体。

草莓肉桂糖水

制作时间 4分 入份 2人

原料

草莓··································200克

肉桂碎·······························适量

调料

冰糖··································50克

做法

1 把洗净的草莓用刀切去蒂，切成块。

2 锅置旺火上，倒入1000毫升的清水，用大火烧开。

3 放入冰糖，用汤勺搅散，煮至溶化。

4 倒入草莓、肉桂碎，用汤勺拌一会儿，再煮2分钟至入味，盛出做好的草莓肉桂糖水即可。

 小叮咛 ▶▶ 糖水不宜煮太长时间，以免熬煮成草莓酱。

草莓泥 制作时间 10分 人份 1人

原料

草莓······················ 80克

调料

白糖······················ 适量

盐 ························· 适量

做法

1 将一部分草莓洗净切片，装盘；将余下的草莓洗净去蒂，放入淡盐水中浸泡片刻，将草莓捞出洗净后晾干，捣烂成泥装碗。

2 锅中加入清水，倒入草莓泥，煮沸。

3 加入适量白糖，搅拌均匀。

4 关火，将煮好的汤汁盛出，再撒上几片切好的草莓，稍稍放凉后即可食用。

 小叮咛 ▶▶▶ 草莓的营养成分易被人体吸收，对胃肠道和贫血有滋补调整的作用。

莓子露

 制作时间 8分
 人份 1人

原料

树莓 …………………………… 30克

桑葚 …………………………… 20克

蓝莓 …………………………… 20克

薄荷叶 ………………………… 5片

调料

红糖 …………………………… 适量

做法

1 将树莓、桑葚、蓝莓、薄荷叶分别用水洗净，待用。

2 将锅洗净，加入适量清水，用大火将水煮开。

3 加入树莓、桑葚、蓝莓、薄荷叶，用汤勺搅拌。

4 调入红糖，用小火煮至红糖溶化。

5 用勺搅拌均匀，最后将煮好的糖水盛入汤碗中即可。

 小叮咛 ▶▶▶ 桑葚味酸，性微寒，具有提高免疫力、补血滋阴、生津止渴等作用。

树莓灯笼果露

原料

灯笼果	80克
树莓	30克
蓝莓	30克
桑葚	30克
薄荷叶	适量

调料

白糖	适量

做法

1 将灯笼果、蓝莓、树莓、桑葚、薄荷叶分别洗净。

2 锅洗净，置于旺火上，加入适量的清水。

3 将洗好的灯笼果、蓝莓、树莓、桑葚一起放入锅中，用大火煮至汤汁沸腾。

4 调入白糖，搅拌均匀，改为小火煮至白糖溶化，最后将果露盛入玻璃杯中，点缀上薄荷叶即可食用。

 小叮咛 ▶▶▶ 桑葚含有蛋白质、果糖和葡萄糖，能预防动脉硬化，对心脑血管有保护作用。

蓝莓炖水蜜桃

制作时间 20分　入份 1入

原料

水蜜桃 ·····························300克
蓝莓·······························适量

调料

蜂蜜·······························适量

做法

1　水蜜桃洗净去皮、去核，果肉切成小瓣。

2　蓝莓洗净。

3　锅中注入少许清水烧开，放入水蜜桃炖20分钟至水蜜桃完全熟软。

4　放入蓝莓，续煮片刻，调入蜂蜜，拌匀即可。

 小叮咛 ▶▶▶ 除了选用新鲜水蜜桃还可以选用水蜜桃罐头制作此糖水，方便且味道更浓郁。

蓝莓紫薯糊

制作时间 28分   人份 3人

原料

紫薯…………………………400克
蓝莓…………………………300克
牛奶…………………………适量

调料

白糖…………………………少许

做法

1 将紫薯洗净，放入烧开的蒸锅中蒸熟；将蓝莓洗净。

2 将紫薯取出，切块，压成泥，与200克蓝莓一同放入榨汁机，打成糊。

3 取出打好的糊，放入锅中，加入少许牛奶。

4 再放入白糖，加热至白糖溶化，盛入碗中，撒上剩余蓝莓即可。

 小叮咛 ▶▶▶ 蓝莓可以事先用淡盐水浸泡片刻，再用清水清洗，这样更容易洗净。

金橘桂圆茶

 制作时间 22分
 人份 1人

原料

金橘·····························200克

桂圆肉·························25克

调料

白糖·····························20克

做法

1 洗好的金橘对半切开，备用。

2 砂锅中注入适量清水烧开，倒入备好的桂圆肉、金橘。

3 盖上盖，用小火煮约20分钟至食材熟透。

4 揭开盖，放入白糖，搅拌均匀，煮约半分钟至白糖溶化，装入碗中即可。

 小叮咛 ▶▶▶ 将金橘切开，但尾部不切断，这样能使桂圆茶成品更美观。

山楂凉粉糖水

 制作时间 人份

原料

红薯粉 ······························200克

蜂蜜柚子茶 ···················· 250毫升

调料

山楂酱 ······························少许

做法

1 红薯粉加适量的凉开水拌匀。

2 锅中放入800毫升清水烧开，放入拌好的粉水、少许山楂酱，边倒边搅拌至混合匀。

3 盛出，放入冰箱，冷藏2小时，取出，切成块。

4 碗中倒入蜂蜜柚子茶，放入切块的凉粉块即可。

 小叮咛 ▶▶▶ 凉粉属于凉性食品，肠胃不好的人不要过多食用。

梅子糖水

 制作时间 6分 人份 1人

原料

梅子干 ……………………… 100克

调料

红糖 ……………………… 适量

做法

1 将备好的梅子干用清水仔细地冲洗干净，待用。

2 在锅中加入适量水，用大火煮沸，调为小火，加入梅子干、红糖。

3 用汤勺轻轻搅拌，小火煮至红糖完全溶入汤汁中。

4 最后将梅子糖水盛入玻璃杯中，放凉即可食用。

 小叮咛 ▸▸▸ 梅子性温，味甘、酸，含有较多的钾，是解暑、生津止渴的良品。

香蕉燕麦水果糊

制作时间 7分 人份 1人

原料

香蕉······························1根
牛奶······················100毫升
燕麦片·······················75克
树莓、蓝莓················各适量

调料

白糖···························少许

做法

1 香蕉去皮，切块；树莓、蓝莓均洗净。

2 取榨汁机，倒入香蕉、燕麦片，注入适量清水，打碎，倒入碗中。

3 汤锅中注入香蕉燕麦糊，倒入牛奶，加入适量白糖，用锅勺搅拌一会儿。

4 用小火煮1分30秒至白糖溶化，盛入碗中，撒上树莓、蓝莓即可。

小叮咛 ▶▶▶ 燕麦片含膳食纤维，有降低血糖、润肠通便的作用。

豌豆牛奶汤

制作时间 15分　人份 1人

原料

豌豆·······················800克
胡萝卜片······················20克
牛奶·····················250毫升
面包块·······················适量

调料

白糖·······················20克

做法

1 沸水锅中倒入洗净的豌豆，搅拌均匀，焯煮片刻。

2 捞出焯煮好的豌豆，沥干水分，装入碗中，待用。

3 往备好的榨汁杯中倒入豌豆、牛奶，榨取汁水。

4 揭开盖，将榨好的汁倒入锅中，煮至沸腾，调入白糖，拌匀，关火后将煮好的汤汁盛入碗中，撒上面包块，点缀上胡萝卜片即可食用。

 小叮咛 ▶▶▶ 将榨好的豌豆汁过滤一遍后再煮制，口感会更滑腻。

胡萝卜苹果甜汤

原料

胡萝卜 ····························· 150克
苹果 ······························· 100克
西红柿 ····························· 250克
酸黄瓜条 ························· 少许

调料

白糖 ······························· 少许

做法

1　胡萝卜去皮，洗净，切块。

2　苹果洗净，去皮，切小块。

3　西红柿去蒂，洗净后切块，放入榨汁机，榨汁，过滤。

4　将过滤好的西红柿汁倒入锅中，放入胡萝卜、苹果，煮15分钟。

5　再放入酸黄瓜条，调入少许白糖，拌匀即可食用。

小叮咛 ▶▶▶　西红柿汁也可以换成柠檬汁，制作更简单。

胡萝卜西红柿汤

原料

西红柿 ···························· 200克

胡萝卜 ···························· 100克

芝士 ······························20克

牛奶··························· 100毫升

调料

白糖··························· 适量

做法

1　西红柿洗净，切块；胡萝卜洗净，切块；芝士切小块。

2　将处理好的西红柿、胡萝卜一起放入搅拌机，打成泥。

3　热锅中放入蔬菜泥，加入牛奶，搅拌均匀成糊，煮5分钟。

4　加入芝士继续煮5分钟，加白糖调味即可。

小叮咛 ▶▶▶ 胡萝卜含有丰富的纤维素，能帮助改善肠道环境、健胃消食。

胡萝卜奶油甜汤

制作时间 20分　人份 1人

原料

去皮胡萝卜 ·······················200克
奶油 ·····························50克
葱花 ·····························适量

调料

白糖 ·····························适量

做法

1 部分胡萝卜切滚刀块，放入沸水锅中，焯煮至断，捞出，装入碗中，将焯煮胡萝卜的汤水盛入碗中。

2 取榨汁机，将胡萝卜倒入榨汁杯中，加入白糖，倒入胡萝卜汤水。

3 加盖，将榨汁杯安装在底座上，榨取汁水，取出；剩余的胡萝卜切丝。

4 揭盖，将榨好的汁倒入锅中，加入奶油，煮至沸腾，盛出，撒上胡萝卜丝和葱花即可。

 小叮咛 ▶▶ 胡萝卜含有大量胡萝卜素，有补肝明目的作用，可辅助治疗夜盲症。

养生蔬菜甜汤

制作时间 25分　人份 1入

原料

胡萝卜·····················50克
莲子·······················30克
迷迭香·····················几片

调料

白糖·······················适量

做法

1 用水将胡萝卜洗净，切块；莲子洗净。

2 在锅中加入适量清水。

3 将胡萝卜、莲子放入锅中，大火煮开。

4 再转为中火，煮至胡萝卜绵软，莲子熟透。

5 加入白糖、备好的迷迭香，搅拌均匀，至白糖溶化即熄火。

6 最后将煮好的汤品盛入碗中，即可食用。

 小叮咛 ▶▶ 胡萝卜味甘、性平，有健脾和胃、补肝明目、清热解毒、壮阳补肾、降气止咳等功效，有"小人参"之美称。

彩蔬牛奶甜汤

制作时间 15分　人份 1人

原料

玉米粒	100克
西蓝花	150克
胡萝卜	80克
黄油	8克
奶油	8克
牛奶	150毫升
豌豆	少许

调料

白糖	15克

做法

1 洗好的西蓝花切成小块；洗好的胡萝卜去皮，刨成片。

2 锅置火上，倒入黄油，煮至黄油融化。

3 加入奶油、牛奶，拌匀。

4 注入适量清水，加入玉米粒、备好的豌豆、胡萝卜，用大火稍煮2分钟至熟。

5 加入白糖，拌匀调味，再倒入切好的西蓝花，搅拌几下，煮2分钟至熟软即可。

小叮咛 ▶▶▶ 西蓝花含大量抗坏血酸，可提高体内杀菌能力，增强免疫力。

紫薯蛋奶糊

制作时间 32分　人份 2人

原料

紫薯·······················250克
熟鸡蛋·····················2个
牛奶·······················适量

调料

蜂蜜·······················少许

做法

1 紫薯洗净去皮，切成小丁块。

2 熟鸡蛋去壳，对半切开。

3 锅中注入适量的清水烧开，放入切好的紫薯小丁块，煮30分钟至熟软。

4 放入蜂蜜搅匀，盛出。

5 碗中再淋上牛奶，放上切好的鸡蛋即可。

 小叮咛 ▶▶▶ 紫薯皮较厚，可以削去得多一些，这样成品口感会更好。

南瓜绿豆甜汤

 制作时间 30分

 人份 1人

原料

南瓜·····························100克

水发绿豆·····················80克

调料

红糖·····························20克

做法

1 将南瓜洗净、去皮、切片，再切条，改切成丁；水发绿豆洗净，捞出，沥干水分。

2 将南瓜、绿豆放入备好的马克杯中，再加入100毫升清水。

3 加入红糖，搅拌均匀，盖上保鲜膜待用。

4 电蒸锅中注入清水烧开后，放上杯子，盖上盖，蒸30分钟，取出，揭开保鲜膜，拌匀即可。

 小叮咛 ▶▶▶ 要等砂锅中的水烧开后再放入绿豆，这样才能避免其粘在锅底。

南瓜糙米甜粥

制作时间 47分　人份 2人

原料

水发糙米·····················90克
南瓜·······················200克

调料

白糖·······················15克

做法

1　将洗净去皮的南瓜切厚片，再切条，
　　改切成粒；把南瓜装入盘中，放入烧
　　开的蒸锅，蒸至熟软取出，压成泥。

2　锅中注入清水烧开，倒入洗好的糙
　　米，搅匀，烧开后用小火煮30分钟。

3　倒入南瓜泥，拌匀，盖上盖，用小火
　　煮15分钟。

4　放入白糖，用勺搅匀调味，装入碗中
　　即可。

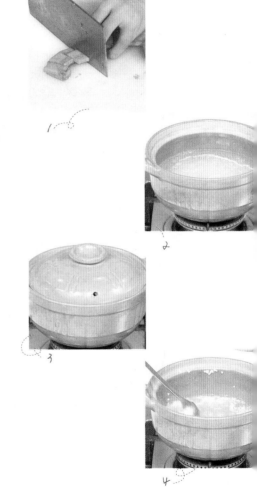

小叮咛 ►► 南瓜含糖量较高，加入的白糖
不宜太多了，以免影响口感。

香橙南瓜甜粥

 制作时间 47分

 人份 1人

原料

水发大米·····················90克
南瓜·························80克
橙汁························800毫升

调料

白糖·························20克

做法

1 将洗净去皮的南瓜切厚片，装入盘中，待用。

2 锅中注入橙汁，倒入洗好的大米，搅匀。

3 盖上盖，烧开后用小火煮30分钟，至小米熟软。

4 揭盖，倒入南瓜片，拌匀。

5 盖上盖，用小火煮15分钟，至食材熟烂。

6 揭盖，放入适量白糖，用勺搅匀调味即可。

 小叮咛 ▸▸▸ 南瓜本身有甜味，也可以不加糖，加少许的盐也能够使甜味更充分地表现出来。

冰糖红薯

 制作时间 60分

 人份 1人

原料

红薯块 ······························ 150克

调料

冰糖 ······························· 20克

做法

1 备好电饭锅，打开盖，倒入红薯块。

2 撒上冰糖，注入适量清水，搅拌均匀。

3 盖上盖，煮约60分钟，至食材熟透。

4 按下"取消"键，断电后揭盖，盛出煮好的甜汤即成。

 小叮咛 ▶▶▶ 女性饮用此款甜汤时，可将冰糖换作红糖，补益的效果会更好。

红薯板栗甜汤

制作时间 30分
人份 1人

原料
去皮红薯·····················200克
板栗仁·······················60克
红枣··························10克

调料
白糖··························10克
蜂蜜·························6毫升

做法

1 将红薯洗净切片，切条，再切成丁；板栗洗净对半切开。

2 将红薯、板栗、红枣放入杯中，再加入200毫升清水、白糖，拌匀，盖上保鲜膜待用。

3 电蒸锅中注入清水烧开后，放上杯子，盖上盖，蒸30分钟左右。

4 将杯子从锅中取出，揭开保鲜膜，浇上蜂蜜，拌匀即可。

小叮咛 ▶▶ 红薯有"长寿食品"的美誉，具有补虚、健脾开胃、强肾等作用。

红枣芋头汤

 制作时间 人份
17分　2人

原料

去皮芋头·······················250克
红枣······························20克

调料

冰糖······························20克

做法

1 洗净的芋头切厚片，切粗条，改切成丁。

2 砂锅注水烧开，倒入切好的芋头，放入洗好的红枣。

3 加盖，用大火煮开后转小火续煮15分钟至食材熟软。

4 揭盖，倒入冰糖，搅拌至溶化，装碗即可。

小叮咛 ▸▸ 红枣可事先去核，这样不仅能祛燥热，食用起来也更方便。

牛奶土豆甜汤

 制作时间 16分 入份 1人

原料

牛奶··························· 400克
土豆···························· 80克
茴香碎························· 少许

调料

白糖··························· 少许

做法

1 土豆去皮洗净，切丁。

2 锅中放入牛奶，倒入备好的土豆丁。

3 盖上盖，煮15分钟至土豆熟软。

4 揭盖，放入白糖拌匀。

5 盛出后撒上茴香碎即可。

 小叮咛 ▶▶▶ 土豆切好后可以放入清水中浸泡，防止土豆氧化变色。

土豆南瓜甜汤

制作时间 25分

人份 2人

原料

土豆⋯⋯⋯⋯⋯⋯⋯⋯⋯400克
南瓜⋯⋯⋯⋯⋯⋯⋯⋯⋯150克
黄油⋯⋯⋯⋯⋯⋯⋯⋯⋯适量
欧芹碎⋯⋯⋯⋯⋯⋯⋯⋯适量

调料

白糖⋯⋯⋯⋯⋯⋯⋯⋯⋯少许

做法

1 土豆洗净去皮，切块。

2 南瓜洗净去皮，切成片。

3 锅中放入黄油，加热至黄油融化，放入大部分土豆块，炒匀，再加清水，煮片刻。

4 将土豆和汤水一起倒入榨汁机，打成汁。

5 再将土豆汁倒入锅中，放入剩余土豆块、南瓜块，煮至熟软，调入少许白糖，拌匀，撒上欧芹碎即可。

小叮咛 >>> 煮好的汤上面可以挤入少许奶油，味道会更加香浓。

芋头西米露

 制作时间 30分 人份 1人

原料

去皮芋头·······················150克

西米·····························60克

调料

白糖······························10克

做法

1 洗净的芋头切开，切厚片，切粗条，改刀切块。

2 锅中注水烧开，倒入洗净的西米，用中小火煮10分钟，捞出，放入凉水中待用。

3 锅中续添入少许清水烧开，倒入芋头，煮15分钟，加入白糖，搅拌至溶化。

4 捞出凉水中的西米，放入碗中，盛入煮好的芋头甜汤即可食用。

 小叮咛 ▶▶▶ 西米煮制时黏性较大，煮西米的过程中一定要不停地搅拌，以防粘锅。

辛夷花鸡蛋汤

 制作时间 15 分

 入份 2人

原料

鸡蛋·····················2个
辛夷花·····················15克

调料

冰糖·····················15克

做法

1 锅中注水烧开，倒入备好的辛夷花，盖上锅盖，大火煮10分钟至药性释放出来。

2 掀开锅盖，打入备好的鸡蛋，煮成型。

3 倒入少许冰糖，持续搅拌片刻，撇去上面的浮沫。

4 将鸡蛋汤盛出装入碗中即可。

 小叮咛 ▶▶▶ 鸡蛋打入后，搅拌汤时注意不要碰破蛋体。

红枣银耳炖鸡蛋

制作时间 42分　人份 2人

原料

去壳熟鸡蛋	2个
红枣	25克
水发银耳	90克
桂圆肉	30克

调料

冰糖	30克

做法

1. 砂锅中注入适量清水，倒入熟鸡蛋、银耳、红枣、桂圆肉，拌匀。

2. 加盖，大火炖开转小火炖30分钟至食材熟软。

3. 揭盖，加入冰糖，拌匀，加盖，续炖10分钟至冰糖溶化。

4. 揭盖，搅拌片刻至入味，关火后盛出炖好的鸡蛋，装入碗中即可。

小叮咛 ▶▶ 鸡蛋含有蛋白质、卵磷脂、B族维生素、维生素C、钙、铁、磷等营养成分，具有益智健脑的作用。

党参黄芪蛋

制作时间 22分　人份 2人

原料

党参·······························15克
黄芪·······························15克
去壳熟鸡蛋·····················2个

调料

红糖·······························20克

做法

1 砂锅中注入适量清水，倒入备好的党参、黄芪。

2 盖上盖，用小火煮15分钟至药材释放出有效成分。

3 揭开盖，放入去壳熟鸡蛋，倒入红糖，慢慢搅拌均匀。

4 盖上盖，续煮5分钟至红糖溶化，关火后把煮好的汤品盛出，装入碗中即可。

 小叮咛 ▶▶▶ 可用牙签在鸡蛋表面刺一些小孔，这样药材的成分更容易渗到鸡蛋中。

木瓜银耳炖鹌鹑蛋

制作时间 27分 人份 3人

原料

木瓜	200克
水发银耳	100克
去壳鹌鹑蛋	90克
红枣	20克
枸杞	10克

调料

冰糖	40克

做法

1. 洗净去皮、去籽的木瓜切小块；洗好的银耳切成小块。

2. 砂锅中注入适量清水烧开，放入备好的红枣、木瓜、银耳，盖上盖，用小火炖20分钟左右。

3. 揭开盖，放入去壳鹌鹑蛋、冰糖，煮5分钟，至冰糖溶化。

4. 加入洗净的枸杞，略煮片刻，拌入味，关火后盛出即可。

 小叮咛 ▶▶▶ 鹌鹑蛋煮熟后放入冷水中泡一下，更容易去除蛋壳。

枸杞鹌鹑蛋醪糟汤

制作时间 23分 人份 1入

原料

枸杞·······························5克
醪糟·····························100克
去壳熟鹌鹑蛋·····················50克

调料

白糖·····························适量

做法

1 锅中注水烧开，倒入醪糟，搅拌均匀，盖上锅盖，烧开后再煮20分钟。

2 揭开锅盖，倒入少许白糖，搅拌均匀。

3 倒入去壳的熟鹌鹑蛋和洗好的枸杞，搅拌片刻，盖上锅盖，煮至食材入味。

4 揭开锅盖，搅拌一会儿，关火后将煮好的汤水盛出，装碗即可食用。

小叮咛 ▶▶▶ 鹌鹑蛋含有蛋白质、卵磷脂、脑磷脂等营养成分，能够补益气血、降血压。

枸杞桂圆党参汤

制作时间 25分　人份 1人

原料

党参·······················10克
桂圆肉······················20克
枸杞·······················8克

调料

冰糖·······················20克

做法

1. 砂锅中注入适量清水烧开，放入洗好的党参、枸杞、桂圆肉，拌匀。

2. 盖上锅盖，烧开后转小火煮约20分钟。

3. 揭开锅盖，放入备好的冰糖，搅匀，煮至冰糖溶化。

4. 盖上盖，续煮3分钟至食材入味，揭盖，持续搅拌一会儿，盛入碗中即可。

 小叮咛 ▶▶▶ 将党参先放入水中浸泡一会儿再煮，能更好地释放出其药性。

银耳红枣糖水

制作时间 45分　人份 1人

原料

银耳·····················50克

红枣·····················20克

枸杞·······················5克

调料

冰糖·····················15克

做法

1 将泡发洗好的银耳切去根部，用手掰成小朵。

2 取杯子，倒入银耳、备好的红枣，加入适量冰糖，放入洗净的枸杞，注入适量的清水，盖上保鲜膜。

3 电蒸锅注水烧开，将杯子放入，盖上锅盖，调转旋钮定时蒸45分钟。

4 待时间到揭开盖，将其取出，揭去保鲜膜即可。

 小叮咛 ▸▸▸ 年老体弱的人经常食用红枣，可增强体质、延缓衰老；上班族食用红枣，能够增加食欲。

花生黄豆红枣羹

 制作时间 45分 人份 2人

原料

水发黄豆·························· 250克

水发花生·························· 100克

去核红枣··························20克

调料

冰糖·····························20克

做法

1 砂锅注水烧热，倒入泡好的黄豆。

2 放入泡好的花生，倒入红枣。

3 加盖，用大火煮开后转小火续煮40分钟至食材熟软。

4 揭盖，倒入冰糖，搅拌至溶化，关火后盛出甜品，装碗即可。

 小叮咛 ▶▶▶ 花生中的钙含量非常丰富，故有促进儿童骨骼发育的作用。

豆浆汤圆

 制作时间 7分

 人份 1人

原料

小汤圆 ····························· 160克
花生米 ····························· 30克
葡萄干 ····························· 20克
豆浆 ····························· 120毫升

做法

1 锅置火上，倒入备好的豆浆，用大火煮至沸腾。

2 放入洗净的花生米，倒入备好的小汤圆。

3 轻轻搅拌均匀，用中火煮约5分钟，至汤圆熟软。

4 放入备好的葡萄干，拌匀，转大火略煮一会儿，盛入碗中即成。

 小叮咛 ►►► 花生可以煮熟后再下锅煮，这样口感更佳。

酒酿蜜豆年糕汤

 制作时间 10分 人份 2人

原料

醪糟·····················150克
年糕·····················100克
红蜜豆···················100克

调料

红糖······················10克

做法

1 将备好的年糕切成条，再切成丁，待用。

2 锅中注入适量清水，用大火烧开，倒入年糕，煮至软，捞出，放入凉水中浸泡一会儿。

3 锅中注入清水烧热，倒入备好的醪糟烧开。

4 再加入年糕、红蜜豆、红糖，搅拌均匀，盛入碗中即可。

 小叮咛 ▶▶▶ 醪糟含有蛋白质、有机酸、维生素B_1、维生素B_2等营养成分，具有开胃消食、增强免疫力、生津止渴等作用。

蓝枸圆子酒酿汤

制作时间 16分　人份 2人

原料

醪糟·······························150克
枸杞································20克
蓝莓·······························150克
鸡蛋································1个
小汤圆 ···························适量

调料

白糖································10克

做法

1　将枸杞、蓝莓分别洗净；鸡蛋搅散。

2　锅中注入清水烧热，倒入醪糟、小汤圆，煮开。

3　再加入备好的鸡蛋，煮成蛋花后搅拌均匀，放入蓝莓、枸杞，煮片刻。

4　再调入少许白糖，拌匀调味即可食用。

 小叮咛　▶▶▶　锅中水一定要煮沸后再打入鸡蛋，否则会因蛋液的散乱而使成品不美观。

芝麻花生汤圆

原料

糯米粉 ……………………… 600克

澄面、花生米 ……………… 各200克

白芝麻 ……………………… 80克

红枣 ………………………… 15克

姜片 ………………………… 少许

猪油 ………………………… 150克

醪糟汁 ……………………… 100克

调料

白糖 ………………………… 15克

小叮咛 ▶▶▶ 汤圆煮至浮起即可，以免煮破。

做法

1 花生米和白芝麻炒熟，剥去花生外衣；将两者磨成粉，加入白糖、猪油制成馅。

2 将澄面揉成澄面团，放入揉好的糯米粉中，制成糯米团，冷冻30分钟后取出，加馅料制成数个汤圆生坯。

3 开水锅中放入红枣、醪糟汁、姜片。

4 放入白糖，煮至溶化，放入汤圆生坯，搅匀，煮熟后盛出即可。

奶油玉米

制作时间 5分 人份 1人

原料

奶油……………………… 10克

玉米粒…………………… 200克

黄油……………………… 10克

调料

白糖……………………… 20克

做法

1 锅置火上，放入黄油，烧至溶化。

2 倒入备好的玉米粒，注入少许清水，翻炒片刻，煮3分钟至熟。

3 加入少许奶油、白糖，煮至溶化。

4 关火后将炒好的玉米盛入盘中即可。

 小叮咛 ▸▸▸ 玉米本身有甜味，因此白糖不宜加太多。

桂圆红枣小麦粥

制作时间 75分 人份 1人

原料

水发小麦·····················100克
桂圆肉······················15克
红枣·························10克

调料

冰糖·························20克

做法

1 锅中注水烧开，放入泡发滤净的小麦，搅拌片刻。

2 盖上锅盖，烧开后转小火熬煮40分钟至熟软。

3 掀开锅盖，放入备好的桂圆肉、红枣，搅拌片刻，续煮半个小时。

4 加入少许冰糖，持续搅拌片刻，使食材入味即可。

小叮咛 ▶▶ 桂圆含有蛋白质、糖分、维生素、矿物质等成分，具有开胃益脾、养血安神、补虚长智的作用。

南瓜大麦汤

 制作时间 45分

 人份 3人

原料

去皮南瓜·······················200克
水发大麦·······················300克
去核红枣·························4个

调料

白糖····································2克

做法

1 洗净的南瓜切粗条，改切成丁，备用。

2 砂锅注水，倒入大麦，放入红枣，加盖，用大火煮开后转小火续煮30分钟至食材熟透。

3 揭盖，倒入切好的南瓜，加盖，煮10分钟至熟软。

4 揭盖，放入白糖，搅拌至溶化，关火后盛出甜品汤，装碗即可。

 小叮咛 ▶▶▶ 南瓜皮有很高的营养价值，也可以不去除，煮至软即可。

汤圆核桃露

制作时间 30分　人份 2人

原料

汤圆生坯·······················200克
黏米粉··························60克
核桃仁··························30克
红枣····························35克

调料

冰糖····························25克

做法

1　洗净的核桃仁切块；洗好的红枣取果肉，切小块；黏米粉加水调匀，制成生米浆。

2　碗中倒入红枣、适量清水，蒸约20分钟，取出，与核桃仁一起放入榨汁机中，榨约1分钟，滤入玻璃杯。

3　锅置火上，倒入汁水、冰糖、生米浆，煮熟盛出，装入碗中，即成核桃露。

4　另起锅，注水烧开，放入汤圆生坯，煮4分钟，放入核桃露中即可。

小叮咛 ▸▸ 调黏米粉时，最好选用温水，这样材料更易煮熟。

平心静气_

生津润燥_

清热化痰_

睡得香、睡得好_

不咳嗽_

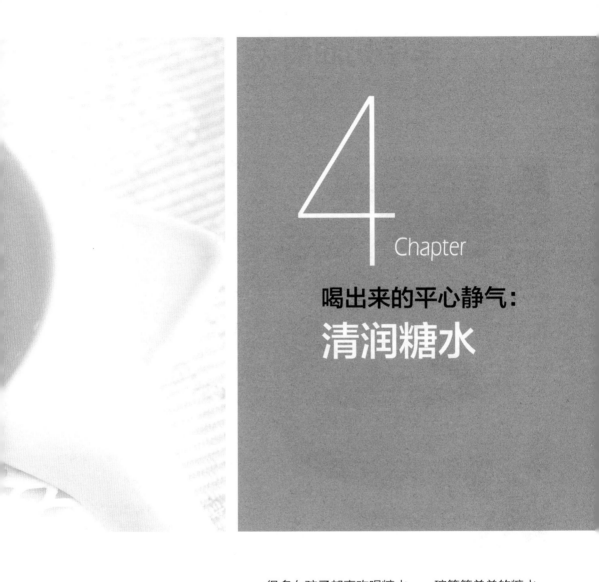

4
Chapter

喝出来的平心静气：
清润糖水

很多女孩子都喜欢喝糖水，一碗简简单单的糖水，

不仅清甜绵密，更能润泽身心。

但是想要煲煮出如此清润的糖水也不是件容易的事。

都是炖雪耳，如果配角是雪梨，

不但能在生津解渴之余，还可润肺。

烦躁咳嗽时，来一碗这样清甜滋润的糖水，

将燥气化解于无形吧！

李子奶油甜汤

制作时间 9分　人份 1人

原料

李子·····························80克

奶油·····························适量

调料

白糖·····························适量

做法

1　将李子洗净去皮后，对半切开，去核，将取出的果肉切成小块。

2　锅中加入适量清水，倒入切好的李子肉，加盖，大火烧沸后转小火煮至食材熟软。

3　揭盖，调入适量白糖，用汤勺搅拌均匀，拌至入味。

4　将煮好的汤汁盛出装入碗中，待食材稍稍放凉后，加适量奶油即可。

小叮咛 ▶▶▶　李子一般人都能食用，尤其适宜发热病人以及教师失音时食用。

南桂甜汤

制作时间 17 分 人份 1 人

原料

桂圆·······························30克
木瓜肉·························100克

调料

白糖·····························适量

做法

1 将洗净的木瓜去皮后切块；桂圆去壳洗净，装盘待用。

2 锅中倒入适量清水，放入切好的木瓜块，盖上盖子，用大火将水烧开。

3 揭开盖，倒入去好壳的桂圆，转小火再煮约15分钟至食材熟软。

4 加入适量白糖，拌至入味，至白糖完全溶化，盛入汤碗，待放凉后即食用。

小叮咛 ▶▶ 桂圆含有多种营养物质，有健脑益智、补养心脾、安神、助眠的作用。

木瓜银耳汤

制作时间 **43**分　人份 **2**人

原料

木瓜·····································200克

枸杞·······································30克

水发莲子·······························65克

水发银耳·······························95克

调料

冰糖·······································40克

做法

1　洗净的木瓜切块。

2　砂锅注水烧开，倒入切好的木瓜，放入洗净泡好的银耳。

3　加入洗净泡好的莲子，搅匀，盖盖，用大火煮开后转小火续煮30分钟。

4　揭盖，倒入洗净的枸杞，放入冰糖，续煮10分钟至食材熟软入味，盛出装碗即可食用。

 小叮咛 ▸▸▸ 银耳中的多糖类物质能扶正固本，增强人体的免疫力，可使人祛病延年。

百部杏仁炖木瓜

制作时间 23分　　人份 2人

原料

木瓜·····················300克
杏仁·······················20克
百部························5克
陈皮························3克

调料

冰糖·······················20克

做法

1 去皮去瓤的木瓜切成小瓣，再切成小块，备用。

2 砂锅中注入适量清水烧开，倒入洗好的杏仁、百部、陈皮。

3 放入切好的木瓜块，盖上盖，烧开后用小火煮20分钟，至食材熟软。

4 揭盖，加入冰糖，搅拌匀，略煮一会儿至其溶化，装入汤碗中即可。

 小叮咛 ▶▶▶ 木瓜可用热水清洗使用，以免细菌感染，引起腹泻。

树莓椰果炖梨

制作时间 35分
人份 1人

原料

雪梨····················· 1个

椰果肉················· 15克

树莓····················· 10克

蓝莓······················ 8克

薄荷叶··················· 3片

黄桃丁··················少许

调料

冰糖····················· 20克

做法

1 挑选新鲜雪梨，洗净去皮，整个保留。

2 将树莓、蓝莓、薄荷叶洗净。

3 将梨和冰糖放入耐热容器中，加适量水，再放入蒸锅中。

4 蒸30分钟至雪梨蒸透。

5 加入椰果肉、树莓、蓝莓，蒸2分钟。

6 最后将雪梨装碗，撒上黄桃丁和薄荷叶，在四周点缀椰果、树莓、蓝莓即可。

小叮咛 ▶▶ 此款糖水有清热降燥、润沛止咳的功效，可辅助治疗肺燥咳嗽、干咳无痰、唇干咽干等。

冰糖梨水

制作时间 8分

人份 2人

原料

鸭梨·····································2个

调料

冰糖·····································30克

做法

1 将洗净的鸭梨去除果皮，用清水洗净，把果肉切开，切瓣后去核，再切成小块，浸泡于淡盐水中备用。

2 锅中加入约850毫升清水，加盖，大火烧开。

3 再放入切好浸泡后的鸭梨，盖盖，中火煮5分钟。

4 揭开盖，再放入备好的冰糖，煮至冰糖溶化，拌匀即可。

 小叮咛 ▶▶ 若不喜欢雪梨的口感太软，可烹煮时间短一些。

银耳枸杞雪梨汤

 制作时间 **22**分   人份 **1**人

原料

水发银耳·······················50克
枸杞·····························5克
雪梨·····························50克

调料

冰糖·····························适量

做法

1 锅中注入适量的清水烧开，放入泡发切好的银耳，加入切好的雪梨。

2 搅拌片刻，盖上锅盖，烧开后转中火煮20分钟，至食材熟软。

3 倒入备好的冰糖，搅拌片刻使其溶化。

4 将少许枸杞倒入锅中，搅拌均匀，盛入碗中即可。

 小叮咛 ▶▶ 枸杞含有甜菜碱、阿托品、胡萝卜素、钙、铁等营养成分，有养肝、明目、滋肾、润肺的作用。

蜜枣枇杷雪梨汤

 制作时间 **21** 分 人份 **2** 入

原料

雪梨·······························240克
枇杷·······························100克
蜜枣·······························35克

调料

冰糖·······························30克

做法

1　洗净去皮的雪梨切瓣，去核，把果肉切成小块。

2　洗好的枇杷切去头尾，去除果皮，把果肉切成小块；将蜜枣对半切开。

3　砂锅中注水烧热，放入蜜枣、枇杷，倒入雪梨，盖上盖，烧开后用小火煮约20分钟。

4　揭开盖，倒入冰糖，搅拌匀，用大火煮至冰糖溶化即可。

 小叮咛 ▶▶ 枇杷切好后用淡盐水泡约10分钟，不仅能去除涩味，也可防止其氧化变黑。

沙参玉竹雪梨银耳汤

制作时间 123分 人份 2人

原料

沙参·······························15克
玉竹·······························15克
雪梨······························150克
水发银耳··························80克
苹果·····························100克
杏仁·······························10克
红枣·······························20克

调料

冰糖·······························30克

做法

1 洗净的雪梨去内核，切块；洗好的苹果去内核，切块。

2 砂锅中注水烧开，倒入备好的沙参、玉竹、雪梨、银耳、苹果、杏仁、红枣，搅拌均匀。

3 加盖，大火煮开转小火煮2小时至有效成分释放出来。

4 揭盖，加入冰糖，拌匀，稍煮片刻至冰糖溶化即可。

小叮咛 ▶▶ 雪梨含有苹果酸、柠檬酸、维生素B_1素等营养成分，具有养心润肺的作用。

麦冬银耳炖雪梨

原料

雪梨·································· 200克

水发银耳·························· 120克

麦冬································· 10克

调料

冰糖································· 30克

做法

1 洗净的雪梨切开，去籽，切块。

2 砂锅注水，倒入泡好切开的银耳，放入切好的雪梨，倒入麦冬，加入冰糖，搅拌均匀。

3 加盖，用大火煮开后转小火炖90分钟至食材有效成分释放出来，揭盖，搅拌一下。

4 关火后盛出甜品汤，装碗即可。

 小叮咛 ▶▶▶ 梨所含的配糖体及鞣酸等成分，能祛痰止咳，对咽喉有养护作用。

雪梨红枣桂圆茶

 制作时间 22分

 人份 1人

原料

雪梨······ 150克
红枣······ 30克
桂圆肉······25克
枸杞······ 少许

调料

白糖······20克

做法

1 洗净的雪梨去皮，切开，去核，再将其切成小块。

2 砂锅中注入适量清水烧开，放入备好的红枣、桂圆肉、枸杞，倒入雪梨块。

3 盖上盖，烧开后用小火煮约20分钟。

4 揭开盖，放入白糖，搅拌匀，煮约半分钟至其溶化，关火后盛出煮好的甜汤，装入碗中即可。

 小叮咛 ▶▶ 煮好的雪梨汤可放入冰箱冷藏后饮用，口感会更好。

雪梨竹蔗粉葛汤

制作时间 31 分　人份 1 人

原料

雪梨块 ·····························150克

竹蔗······························50克

胡萝卜 ···························70克

粉葛······························40克

调料

冰糖·····························5克

做法

1 洗净去皮的胡萝卜切成小块；洗净去皮的竹蔗切条；洗净去皮的粉葛切小块。

2 砂锅中注入适量清水烧热，倒入备好的竹蔗、粉葛。

3 放入胡萝卜、雪梨，盖上盖，烧开后用小火煮约30分钟至食材熟透。

4 揭开盖，倒入冰糖，搅匀，煮至溶化，装入碗中即可。

小叮咛 ▶▶▶ 竹蔗和雪梨有甜味，因此可不用或少用冰糖。

桂圆白果糖水

 制作时间 45分

 入份 1人

原料

银耳······················50克

桂圆······················100克

白果······················60克

红枣······················50克

调料

白糖······················适量

做法

1 泡发滤净的银耳切去根部，用手掰成小朵。

2 取一个杯子，放入洗净的桂圆、红枣、白果、银耳，注入适量的清水，盖上保鲜膜。

3 电蒸锅注水烧开，放入杯子，盖上锅盖，调转旋钮定时蒸45分钟。

4 待时间到揭开盖，将杯子取出，揭开保鲜膜，加入适量白糖，拌匀即可。

 小叮咛 ▶▶ 银耳对老年慢性支气管炎、肺原性心脏病有一定的辅助疗效。

冰糖白果汤

 制作时间 22分

 人份 1人

原料

白果·······························100克

调料

冰糖·······························适量

做法

1 白果用清水洗净，装入盘中，待用。

2 锅中加入适量清水，倒入白果，盖上盖，用大火煮沸。

3 转小火继续煮约20分钟至白果熟软。

4 揭盖，倒入适量冰糖，拌至冰糖完全溶化，将汤汁盛出，即可食用。

小叮咛 ▸▸▸ 白果具有燥湿止带、敛肺定喘、益肾固精、镇咳解毒的作用。

白果话梅汤

 制作时间 25分

 人份 1人

原料

白果·······················80克
话梅·······················30克
碎冰·······················适量

调料

红糖·······················适量

做法

1 白果去壳，加水煮开，煮至大部分皮脱落即熄火，去皮后，放入冷水中泡软。

2 将锅洗净，置于火上，在锅中加入适量清水。

3 将白果放入备好的锅中，用大火煮沸。

4 调为小火，继续煮20分钟左右，至白果煮透。

5 加入话梅、红糖，搅拌均匀，小火煮至红糖溶化，盛入瓷碗，放入碎冰即可食用。

 小叮咛 ▶▶▶ 白果具有敛肺气、定喘咳的功效，对于肺病咳嗽、老人虚弱体质的哮喘及其他各种哮喘痰多有食疗作用。

白果鸡蛋甜汤

制作时间 16分　人份 2人

原料

桂圆肉 ······························ 300克
白果 ································· 90克
去壳熟鸡蛋 ······················· 2个

调料

白糖 ································· 20克

做法

1 砂锅中注入适量清水烧开。

2 放入备好的桂圆、白果，加入去壳熟鸡蛋。

3 盖上盖，烧开后用小火煮约15分钟。

4 揭开盖，放入适量白糖，拌匀，煮约半分钟至其溶化，盛出煮好的甜汤，装入碗中即可食用。

 小叮咛 ▶▶▶ 白果略苦，可先挑去果芯再烹煮，以减轻其苦味。

莲子白果糖水

原料

白果⋯⋯⋯⋯⋯⋯⋯⋯⋯⋯⋯25克

水发莲子⋯⋯⋯⋯⋯⋯⋯⋯⋯50克

调料

冰糖⋯⋯⋯⋯⋯⋯⋯⋯⋯⋯⋯15克

做法

1 砂锅中注入适量清水烧开。

2 放入备好的莲子、白果，搅拌均匀。

3 盖上盖，烧开后用小火煮约20分钟。

4 揭开盖，放入适量冰糖，拌匀，煮至其溶化，盛出煮好的甜汤，装入碗中即可。

 小叮咛 ▸▸▸ 莲子先完全泡发后再烹制，口感会更绵软。

百"莲"好合

制作时间 30分　人份 1人

原料
百合···································30克
水发莲子·····························40克

调料
白糖···································适量

做法

1 锅中注入适量清水烧开，将洗好的莲子倒入锅中，搅散。

2 盖上盖，转小火煮20分钟左右至莲子熟透。

3 揭开盖，将备好的百合倒入锅中，搅拌均匀，续煮5分钟。

4 加入少许白糖，搅拌均匀，关火后盛出煮好的甜汤，装入碗中即可饮用。

小叮咛 ▶▶▶ 百合煮久了会变苦，所以不要太早放入锅中。

燕窝莲子羹

制作时间 37分　人份 1人

原料

莲子·····························30克
燕窝·····························15克
水发银耳·····················40克

调料

冰糖·····························20克
水淀粉·························适量

做法

1 洗净的银耳切除黄色部分，再切成小块，装盘备用。

2 锅中注水烧开，放入备好的莲子、银耳，盖上盖，用小火煮约20分钟至食材熟软。

3 揭开盖，放入泡发处理好的燕窝，盖上盖，煮约15分钟至食材融合在一起。

4 揭开盖，加入适量水淀粉，煮至黏稠，放入冰糖，搅拌至溶化，盛出装碗即可。

小叮咛 ▶▶ 在吃莲子期间，最好不要吃辛辣的食物。

莲子百合安眠汤

制作时间 65分　人份 2人

原料

莲子	50克
百合	40克
水发银耳	250克

调料

冰糖	20克

做法

1. 泡好洗净的银耳切去黄色根部，改刀切成小块。

2. 砂锅中注水烧开，倒入切好的银耳、泡好的莲子，拌匀，煮40分钟至食材熟软。

3. 放入泡好的百合，拌匀，盖上盖，续煮20分钟至熟。

4. 揭盖，加入冰糖，搅拌至溶化，装碗即可食用。

 小叮咛 ▶▶▶ 莲子带芯食用能有效清心火，起到祛除雀斑的作用。

紫薯百合银耳汤

原料

紫薯	50克
水发银耳	95克
鲜百合	30克

调料

冰糖	40克

做法

1 洗好滤净的银耳切去黄色根部，切成小块；洗净去皮的紫薯切成丁。

2 砂锅中注水烧开，倒入切好的紫薯、银耳。

3 盖上盖，烧开后用小火煮20分钟，至食材熟软。

4 揭开盖，加入洗好的百合，倒入冰糖，搅拌匀，续煮5分钟，至冰糖溶化即可。

小叮咛 ▶▶ 紫薯本身带有甜味，冰糖可以适量少放，以免成品太甜。

百合红枣桂圆汤

 制作时间 人份
22 分　　1 人

原料

鲜百合 ························· 30克

红枣 ·························· 35克

桂圆肉 ······················· 30克

调料

冰糖 ························· 20克

做法

1　砂锅中注入适量清水烧开，倒入洗好的红枣、桂圆肉、百合。

2　盖上盖，大火烧开后用小火煮20分钟至食材熟软。

3　揭开盖，放入适量冰糖，搅拌拌匀，煮至溶化。

4　关火后将煮好的汤料盛出，装入碗中即可食用。

 小叮咛 ▶▶▶ 百合甘凉清润，主入肺心，可清肺、润燥止咳。

百合玉竹苹果汤

制作时间 23分 人份 1人

原料

干百合	10克
玉竹	12克
陈皮	7克
红枣	8克
苹果	150克
姜丝	少许

调料

白糖	适量

做法

1 洗净的苹果切开去核，切成片。

2 锅中注入适量的清水大火烧开，倒入备好的药材、姜丝，搅拌匀。

3 盖上锅盖，烧开后转小火煮20分钟至释放出药性。

4 掀开锅盖，放入苹果，搅拌匀，煮1分钟，放入白糖，煮至入味即可。

小叮咛 ▶▶ 切好的苹果最好立刻烹制，以免氧化。

百合木瓜汤

制作时间 122分

人份 1人

原料

水发百合·····················20克

水发银耳·····················20克

去皮木瓜·····················40克

去皮梨子·····················半个

莲子·························适量

调料

白糖·························20克

做法

1 洗净的梨子去核，切小块；洗好的木瓜去皮、去籽，切小块；泡好滤净的银耳去除根部，切小块；莲子洗净。

2 取出电饭锅，打开盖子，通电后倒入泡好的百合和切好的银耳。

3 放入切好的木瓜、梨子、莲子、白糖，加入适量清水。

4 盖上盖子，煮2小时至汤品入味，打开盖子，搅拌一下即可。

 小叮咛 ▶▶ 可改放冰糖，这样滋润效果更强。

金桔枇杷雪梨汤

制作时间 17分

人份 1人

原料

雪梨·······················75克
枇杷·······················80克
金橘·······················60克

做法

1 金橘洗净，切成小瓣；洗好去皮的雪梨去核切块；洗净的枇杷去核，切成小块。

2 砂锅中注入适量清水烧开，倒入切好的雪梨、枇杷、金橘，搅拌匀。

3 盖上盖，烧开后用小火煮约15分钟。

4 揭盖，搅拌均匀，关火后盛出煮好的雪梨汤，装入碗中即可食用。

 小叮咛 ▶▶ 雪梨含有苹果酸、柠檬酸、维生素等营养成分，有生津润燥、养阴清热的效果。

川贝甘蔗汤

制作时间 21 分 人份 2 人

原料

甘蔗·····························200克
知母·····························20克
川贝·····························10克

调料

冰糖·····························20克

做法

1 砂锅中注入适量清水烧开，倒入备好的川贝、知母、甘蔗。

2 盖上盖，烧开后用小火炖20分钟左右，至药材释放出有效成分。

3 揭开盖，放入备好的冰糖，拌匀，略煮片刻，至冰糖溶化。

4 搅拌均匀后关火，装入碗中即可食用。

 小叮咛 ▶▶ 川贝含有西贝素、川贝碱、蔗糖等成分，有养肺阴、清肺热的作用。

川贝枇杷汤

制作时间 23分

人份 1人

原料

川贝·····················10克
枇杷·····················40克
雪梨·····················20克

调料

白糖·····················适量

做法

1 洗净去皮的雪梨去核，切成小块；洗净的枇杷去蒂，切开，去核，再切成小块，备用。

2 锅中注入适量清水烧开，将枇杷、雪梨和洗净的川贝倒入锅中。

3 搅拌片刻，盖上锅盖，用小火煮20分钟至食材熟透。

4 揭开锅盖，倒入少许白糖，搅拌均匀，将煮好的糖水盛出，装入碗中即可食用。

小叮咛 ▶▶▶ 枇杷皮有点涩口，也可以将它去除后再烹制。

枇杷银耳汤

制作时间 32分　人份 2人

原料

枇杷··························· 100克
水发银耳····················· 260克

调料

白糖···························· 适量

做法

1　洗净的枇杷去除头尾，去皮，去核，切成小块；洗好的银耳切去根部，再切成小块，备用。

2　锅中注入适量清水烧开，倒入枇杷、银耳，搅拌均匀。

3　盖上盖，烧开后用小火煮约30分钟至食材熟透。

4　揭开盖，加入白糖，搅拌匀，用大火略煮片刻至其溶化即可。

 小叮咛 ▶▶▶　银耳含有蛋白质、维生素D等营养成分，可以益气清肠、滋阴润肺。

佛手姜糖饮

制作时间 22 分　人份 1 人

原料

佛手⋯⋯⋯⋯⋯⋯⋯⋯⋯ 10克

老姜⋯⋯⋯⋯⋯⋯⋯⋯⋯20克

调料

红糖⋯⋯⋯⋯⋯⋯⋯⋯⋯ 10克

做法

1 洗好去皮的老姜切片，再切小片，备用。

2 砂锅中注入适量清水，倒入备好的佛手、老姜片，拌匀。

3 盖上盖，煮开后转小火煮20分钟至药材释放出有效成分。

4 揭盖，倒入红糖，拌匀，煮至溶化，关火后盛出煮好的糖水，装入碗中即可饮用。

 小叮咛 ▸▸ 可以用刀将老姜拍几下，这样有利于释放出其有效成分。

海底椰炖雪蛤油

制作时间 32分

人份 2人

原料

杏仁······························50克

海底椰·····························70克

水发雪蛤油·························75克

枸杞·······························30克

调料

冰糖·······························50克

做法

1 砂锅中注入适量清水，倒入备好的海底椰、杏仁、枸杞、雪蛤油，拌匀。

2 加盖，大火煮开后转小火煮约20分钟至熟。

3 揭盖，加入冰糖，拌匀，加盖，续煮10分钟至冰糖溶化。

4 揭盖，稍稍搅拌至入味，关火后盛出煮好的汤，装入碗中即可。

 小叮咛 ▶▶▶ 杏仁含有蛋白质、脂肪油、维生素等营养成分，可以生津止渴、润肺定喘。

排毒祛火_

清心明目_

疏肝清热_

润肺祛燥_

清爽祛油_

5
Chapter

喝出来的清爽十足：
清热糖水

在炎热的夏季，在口干舌燥之时，

最适合喝上一碗诸如陈皮绿豆沙这般清热解毒的糖水了。

熬煮过后的绿豆软糯细滑，夹杂着陈皮的清香，

又带有冰糖的香甜，尚未入喉，美味就在舌尖蔓延。

更加重要的是，这样一碗糖水做起来也是十分简单的，

相信热爱美食的朋友们，

一定不想错过这般清热祛火的美味！

樱桃奶油甜汤

制作时间 15分　人份 1人

原料

樱桃·······200克
奶油·······15克
榛子·······3颗
薄荷叶·······适量

调料

冰糖·······20克

做法

1 将樱桃洗净，去掉果核；薄荷叶洗净；将榛子去壳，打碎成小颗粒；将奶油与榛子粒混合，搅拌均匀。

2 锅中注水，大火烧开，倒入樱桃，煮至熟软。

3 加入冰糖，拌至冰糖溶化。

4 将糖水拌煮至汤汁浓稠盛盘，把混合好的奶油放在糖水上，点缀上薄荷叶即可。

 小叮咛 ▶▶▶ 煮樱桃时容易粘锅，煮制时最好不时用锅勺搅动。

樱桃土豆泥甜汤

 制作时间 18分
 人份 2入

原料

樱桃·······················500克
土豆·······················300克

调料

冰糖·······················25克

做法

1 樱桃洗净，去蒂、核。

2 土豆洗净去皮，切块。

3 蒸锅上火烧开，放入土豆块，蒸熟后，取出，压成泥，制成3个小丸子。

4 锅中注入少许清水烧开，放入樱桃，加入冰糖，煮至樱桃成糊状，过滤去皮，再放入土豆丸子即可。

 小叮咛 ▸▸▸ 樱桃性温，味甘微酸，有补中益气、清热解毒的作用。

蜜汁杏

制作时间 26分　人份 1人

原料

杏子……………………… 80克
肉桂………………………5克

调料

白糖……………………… 适量

做法

1 将杏子洗净，对半切开，去除果核，将果肉切成小块。

2 肉桂洗净，切条，装入碗中待用。

3 锅中注入适量清水，下入肉桂，大火烧开，盖上盖，焖煮10分钟。

4 揭盖，倒入杏子肉，加盖，煮沸后改小火续煮15分钟。

5 揭盖，加入适量白糖，搅拌均匀，煮至白糖完全溶化，将煮好的食材盛入碗中，放凉即可食用。

小叮咛 ▶▶▶ 杏子含丰富的胡萝卜素，常食杏子有清热解毒的作用。

155

猕猴桃雪梨苹果酱甜品

 制作时间 3分 人份 1人

原料

去皮雪梨·····························30克

去皮猕猴桃·······················25克

稀奶油·····························30克

调料

苹果酱·····························10克

做法

1 洗净的雪梨对半切开，去核，再切成小块，待用。

2 洗净的猕猴桃对半切开，再切成小块，待用。

3 在备好的碗中，放入雪梨块、猕猴桃块、稀奶油拌匀。

4 转入锅中，加热片刻，最后加入苹果酱即可。

 小叮咛 ▶▶▶ 雪梨可切小块点，这样比较容易吸入奶油和苹果酱味。

香芒火龙果西米露

 制作时间 32分 人份 1人

原料

火龙果·····························130克
芒果·······························110克
西米································80克
酸奶································65克
炼乳································20克

调料

白糖································10克

做法

1 洗净的火龙果去皮切丁；洗好的芒果去皮、去核，切丁。

2 砂锅中注水烧热，倒入备好的西米，搅拌片刻，盖上锅盖，烧开后用小火煮约30分钟。

3 揭开锅盖，倒入备好的芒果、火龙果，加入适量白糖，搅拌片刻。

4 倒入酸奶、炼乳，搅拌均匀，用大火煮化即可。

 小叮咛 ▶▶▶ 西米煮好后会膨胀，所以水不要加太少了，以免西米煳锅。

红枣冬瓜甜汤

制作时间 62分 人份 2人

原料

红枣	2颗
去皮冬瓜	180克
水发薏米	160克
鲜百合	130克

调料

冰糖	40克

做法

1 去皮洗好的冬瓜切条，改切丁。

2 热水锅中倒入泡发洗好的薏米，放入切好的冬瓜，加入洗净的百合，再倒入冰糖。

3 加入洗好的红枣，拌匀，加上盖，用大火煮开后转小火续煮1小时左右至熟软。

4 揭盖，关火后盛出甜汤，装碗即可。

小叮咛 ▶▶ 百合具有润燥清热、宁心安神的作用。

西红柿糖水

制作时间 5分　人份 3人

原料

西红柿 ························· 600克

调料

冰糖 ····························· 15克

做法

1 取两个西红柿洗净，去蒂，切成块。

2 将切好的西红柿块放入榨汁机，榨汁，然后过滤。

3 将西红柿汁放入锅中，再放入1个完整的西红柿。

4 再放入冰糖，煮至西红柿完全熟透即可。

小叮咛 ▸▸▸ 西红柿含有胡萝卜素、维生素C、钙、磷、钾、镁、铁等成分，有清热解毒、增强免疫力的作用。

山药玉米马蹄露

原料

马蹄·······························140克

山药·······························180克

玉米粒···························130克

做法

1　洗净去皮的马蹄切片，切碎；洗净去皮的山药切片，切条，切丁；玉米粒洗净。

2　备好豆浆机，倒入马蹄、山药、玉米粒。

3　注入1100毫升的清水，搅拌一下。

4　盖上盖，按下"选择"键，选定"打浆"，按"启动"键，将食材打成汁即可。

 小叮咛 ▶▶ 切好的山药可泡在盐水中，以免氧化。

生姜红枣饮

制作时间 60分 人份 2人

原料

生姜·······································35克
红枣块·····································35克
葱花·······································少许

调料

红糖·······································40克

做法

1 处理好的生姜切成片，待用。

2 锅中注水烧开，倒入备好的红枣块、生姜片，搅拌均匀。

3 盖上盖，煮1小时。

4 揭盖，放入备好的红糖，拌至红糖溶化即可。

小叮咛 ▶▶▶ 生姜一旦腐烂了就会产生出一种不健康的物质，所以烂了的生姜不能吃。

安神莲子汤

 制作时间 **13** 分 人份 **1** 人

原料

木瓜····························50克
水发莲子····················30克
百合····························少许

调料

白糖····························适量

做法

1 洗净去皮、去瓤的木瓜切成厚片，再切成块，备用。

2 锅中注入适量清水烧热，放入切好的木瓜，倒入备好的莲子，搅拌均匀。

3 盖上盖子，烧开后转小火煮10分钟至食材熟软。

4 揭开盖子，倒入洗好的百合，搅拌均匀，加入少许白糖，搅拌均匀至入味即可。

 小叮咛 ▶▶ 在超市买百合，要注意袋内装的新鲜百合要有光泽，没有黑褐斑点。

党参莲子汤

制作时间 93分　入份 2人

原料

水发莲子·······················100克
水发陈皮·······················40克
党参···························30克

调料

红糖·························适量

做法

1 养生壶接通电源，放入不锈钢内胆，倒入洗净的莲子。

2 放入备好的党参、陈皮，再注入适量清水。

3 盖上壶盖，煮约90分钟，熬出药材中的有效成分。

4 断电后倒出甜汤，装在碗中，饮用时加入红糖拌匀即可食用。

 小叮咛 ▶▶▶ 陈皮用温水泡开，煮的时候更容易释放出有效成分。

银耳莲子马蹄羹

 制作时间 72分 人份 2人

原料

水发银耳·························· 150克

去皮马蹄·························· 80克

水发莲子·························· 100克

枸杞······························ 15克

调料

冰糖······························ 40克

做法

1 洗净的马蹄切碎；洗净的莲子切开；银耳洗净，切好。

2 砂锅中注水烧开，倒入马蹄、莲子、银耳，加盖，大火煮开转小火煮1小时至熟。

3 揭盖，加入冰糖、备好的枸杞，拌匀。

4 加盖，续煮10分钟至冰糖溶化，揭盖，拌至入味即可。

 小叮咛 ▶▶ 马蹄去皮后要放入水中，以防氧化变黑。

红薯莲子银耳汤

制作时间 47 分

人份 2 人

原料

红薯·······················130克

水发莲子···················150克

水发银耳···················200克

调料

白糖······························适量

做法

1 将洗好的银耳切去根部，撕成小朵；去皮洗净的红薯切片，切条形，再切丁。

2 砂锅中注水烧开，倒入洗净的莲子，放入切好的银耳，煮约30分钟，至食材变软。

3 倒入红薯丁，拌匀，用小火续煮约15分钟，至食材熟透。

4 加入少许白糖，拌匀，转中火，煮至溶化，装在碗中即可。

小叮咛 ▶▶ 新鲜银耳摸起来比较干燥很脆，有一点刺手的感觉。

木瓜莲子炖银耳

制作时间 113分　人份 2人

原料

泡发银耳·····················100克
莲子·····················100克
木瓜·····················200克

调料

冰糖·····················20克

做法

1 砂锅中注入适量清水，倒入泡发好的银耳、莲子，拌匀。

2 盖上盖，大火煮开之后转小火煮90分钟至食材熟软。

3 揭盖，放入洗切好的木瓜、冰糖，搅拌均匀。

4 盖上盖，小火续煮20分钟，揭盖，搅拌一下，装入碗中即可。

小叮咛 ▶▶ 莲子可以用温水泡发后再炖，这样更易炖熟。

桑葚莲子银耳汤

 制作时间 40分 人份 1人

原料

桑葚干·······························5克

水发莲子·························70克

水发银耳························120克

红枣·······························1颗

调料

冰糖·······························30克

做法

1 洗好的银耳切成小块，备用。

2 砂锅中注水烧开，倒入桑葚干，盖上盖，用小火煮15分钟，捞出桑葚。

3 倒入洗净的莲子，加入切好的银耳，盖上盖，用小火再煮20分钟，至食材熟透。

4 揭盖，倒入冰糖，搅拌匀，用小火煮至冰糖溶化，关火后将汤料盛出，装入碗中，放上红枣装饰即可。

 小叮咛 ▶▶ 莲子一定要非常干才可长时间储藏，很干的莲子抓起来有咔咔的响声。

绿豆银耳羹

制作时间 43分   人份 3人

原料

绿豆·······························60克
水发银耳························250克

调料

白糖·······························15克

做法

1 砂锅中注水烧开，倒入泡好的绿豆。

2 加入切好的银耳，拌匀。

3 盖上盖，用大火煮开后转小火续煮40分钟至食材熟软。

4 揭盖，加入白糖，搅拌至溶化，关火后盛出煮好的甜汤，装碗即可。

小叮咛 ▶▶▶ 中医认为，绿豆具有清热消暑、利尿消肿、润喉止咳及明目降压的作用。

冰糖绿豆沙

制作时间 52分 　人份 3人

原料

水发绿豆·······················240克
胡萝卜丝·······················适量

调料

冰糖···························30克

做法

1 砂锅中注入适量清水烧热，倒入洗净的绿豆，搅拌均匀。

2 盖上盖，用小火煮约10分钟。

3 揭开盖，捞出浮沫，再盖上盖，用小火煮约40分钟至熟。

4 揭开盖，倒入冰糖，搅拌匀，用大火煮至溶化，关火后盛出煮好的绿豆沙，撒上胡萝卜丝即可。

 小叮咛 ▸▸ 绿豆汤熬制好后，不加糖放入冰箱可以延长保存时间。

枸杞牛膝煮绿豆

原料

水发绿豆·······················200克
牛膝·····························少许
枸杞·····························少许

调料

白糖·····························适量

做法

1 砂锅中注入适量的清水大火烧开，倒入备好的牛膝、绿豆。

2 盖上锅盖，大火煮30分钟至释放出成分。

3 掀开锅盖，倒入洗好的枸杞，盖上锅盖，大火续煮20分钟左右。

4 掀开锅盖，加入少许的白糖，搅拌片刻，使其溶化入味即可。

小叮咛 ▶▶ 绿豆含有蛋白质、膳食纤维、钙、铁、磷、钾等营养成分，具有增进食欲、清热解毒等功效。

蔬菜绿豆甜汤

原料

水发绿豆⋯⋯⋯⋯⋯⋯⋯⋯⋯⋯⋯200克
土豆⋯⋯⋯⋯⋯⋯⋯⋯⋯⋯⋯⋯⋯150克
胡萝卜⋯⋯⋯⋯⋯⋯⋯⋯⋯⋯⋯⋯80克
洋葱圈⋯⋯⋯⋯⋯⋯⋯⋯⋯⋯⋯⋯少许

调料

冰糖⋯⋯⋯⋯⋯⋯⋯⋯⋯⋯⋯⋯⋯20克

做法

1 土豆去皮洗净，切成小块；胡萝卜去皮洗净，切成丁。

2 取电饭锅，注入适量清水，倒入绿豆、冰糖。

3 盖上盖，煮1小时。

4 开盖，放入胡萝卜丁、土豆块，搅拌片刻。

5 盖上盖，煮30分钟，盛出煮好的汤，装入碗中，点缀上洋葱圈即可。

 小叮咛 ▶▶ 绿豆泡发后容易发芽，所以泡好的绿豆最好当即烹煮。

糙米绿豆红薯粥

制作时间 78分

人份 2人

原料

水发糙米·······················200克

水发绿豆·······················35克

红薯·······················170克

枸杞·······················少许

做法

1 洗净去皮的红薯切片，再切条，改切成小块。

2 砂锅中注入适量清水烧开，倒入洗好的糙米、绿豆，搅拌均匀。

3 盖上盖，烧开后用小火煮约60分钟。

4 揭盖，倒入切好的红薯，撒上洗净的枸杞，续煮15分钟至食材熟透即可。

小叮咛 ▶▶ 盖盖的时候留有空隙，可以避免粥溢出。

红豆红糖年糕汤

制作时间 32分

人份 1人

原料

红豆·····························50克

年糕·····························80克

调料

红糖·····························40克

做法

1 锅中注水烧开，倒入洗净的红豆。

2 盖上盖，用小火煮15分钟至红豆熟软；把年糕切成小块。

3 揭开盖，倒入切好的年糕，加入适量红糖，搅拌均匀。

4 用小火续煮15分钟至年糕熟软即可。

 小叮咛 ▸▸▸ 煮年糕时可用筷子插入年糕试一试熟软程度，不宜煮过头影响嚼劲。

红豆薏米甜汤

原料

水发红豆·······················100克
水发薏米·························80克
牛奶·······················100毫升

调料

冰糖·····························30克

做法

1 砂锅注水烧开，倒入泡好的红豆、薏米，搅拌均匀。

2 加盖，用大火煮开转小火续煮40分钟左右至熟软。

3 揭盖，倒入冰糖，搅拌至溶化。

4 缓缓加入牛奶，用中火搅拌均匀，关火后盛出煮好的甜品汤，装碗即可。

 小叮咛 ▶▶ 泡红豆的水不要浪费，用它来煮这道甜品汤，红豆味更浓。

红豆香蕉椰奶

制作时间 68分

人份 2人

原料

水发红豆·····································230克
香蕉·····································150克
抹茶粉·····································10克
椰奶、豆浆·····································各100毫升

调料

蜂蜜·····································3克
椰子油·····································8毫升

做法

1 香蕉剥皮，切厚片，待用。

2 锅中注水烧开，倒入泡好滤净的红豆，加盖，用大火煮开后转小火续煮1小时捞出。

3 取一碗，倒入椰奶、豆浆、蜂蜜、椰子油、一半抹茶粉、红豆，拌匀，制成红豆椰奶汁。

4 将切好的香蕉片放在碗的四周，倒入红豆椰奶汁，放上剩余抹茶粉即可。

小叮咛 ▸▸▸ 红豆含有膳食纤维、B族维生素等营养成分，可以促进血液循环、除湿热。

奶香红豆西米露

制作时间 51分　人份 1人

原料

水发红豆·····················100克

西米························100克

牛奶·····················200毫升

调料

冰糖·······················适量

做法

1 锅中注水烧开，倒入洗净的西米，边煮边搅煮至透明，装入凉开水中，备用。

2 锅中倒水烧开，倒入泡好滤净的红豆，煮50分钟至熟软。

3 倒入牛奶，再放入冰糖，搅拌片刻，使食材完全入味。

4 将西米从凉水中捞出，装入碗中，浇上煮好的牛奶红豆即可食用。

小叮咛 ▶▶▶ 煮好之后也可以再倒入点牛奶，奶香味会更浓。

玉米须冬葵子红豆汤

制作时间 62分　人份 1人

原料

水发赤小豆 ······················· 130克
玉米须 ····························· 15克
冬葵子 ····························· 15克

调料

白糖 ·······························适量

做法

1 砂锅中注入适量的清水大火烧
开，倒入洗净的赤小豆、冬葵
子、玉米须，搅匀。

2 盖上锅盖，大火煮开转小火煮
1小时释放出营养成分。

3 掀开锅盖，加入适量白糖，持
续搅拌片刻，至白糖融化。

4 关火，将煮好的汤盛出装入碗
中即可。

 小叮咛 ▶▶ 冬葵子含有单糖、蔗糖、
麦芽糖等营养成分，具有
清热利湿的作用。

红枣南瓜薏米甜汤

制作时间
57分

人份
2人

原料

红枣·······················4颗
枸杞······················40克
水发薏米·················180克
去皮南瓜·················240克
花生仁···················110克

调料

红糖······················35克

做法

1 洗净的南瓜切粗片，切成细条，改切丁，待用。

2 热水锅中倒入洗好的薏米，放入备好的花生仁、南瓜，放入洗净的红枣、枸杞，搅拌均匀。

3 加盖，用大火煮开后转小火续煮40分钟至食材熟软。

4 揭盖，倒入红糖，拌匀至溶化，续煮15分钟至入味即可。

小叮咛 ▶▶▶ 薏米可事先用高压锅压制，这样可以缩短煮制的时间。

西瓜皮煲薏米

 制作时间 67分

 入份 2人

原料

西瓜皮 ···························· 120克
水发绿豆 ························· 95克
水发薏米 ························· 100克

调料

白糖 ································· 适量

做法

1 将洗净的西瓜皮切成条形，再改切成丁，待用。

2 砂锅中注入适量清水烧开，倒入洗净的薏米，放入洗好的绿豆，撒上西瓜皮丁，搅拌均匀。

3 盖上盖，烧开后转小火煲煮约65分钟，至食材熟透。

4 揭盖，加入白糖，搅匀，至糖分溶化，关火后盛在碗中，稍微冷却后食用即可。

 小叮咛 ▸▸ 白糖可适量多放一些，能中和薏米的涩味，改善口感。

银耳薏仁双红羹

制作时间 62分
人份 1入

原料

银耳····························20克
薏米····························25克
红豆····························20克
红枣····························20克

调料

冰糖····························适量

做法

1 红豆清水泡发2小时；银耳清水泡发30分钟；薏米、红枣清水泡发10分钟。

2 泡好洗净的银耳切去根，切成小朵；砂锅中注水，倒入银耳及备好的红豆、红枣、薏米，搅拌均匀。

3 加盖，大火煮开转小火煮50分钟。

4 揭盖，放入冰糖，续煮10分钟至冰糖溶化，盛出，装入碗中即可。

 小叮咛 ▶▶▶ 薏米味甘淡性寒，具有利水渗湿、健脾补肺、清肺排脓的效果。

大枣蜂蜜柚子茶

制作时间 48分　人份 1人

原料

柚子皮	90克
柚子肉	110克
红枣	适量

调料

蜂蜜	30克
冰糖	80克
盐	少许

做法

1　备好的柚子皮切成丝，撒上盐，搅拌匀，腌渍30分钟；柚子皮丝腌渍出的汁水倒出。

2　砂锅底部铺上一层柚子皮丝、柚子肉、备好的红枣、冰糖。

3　注入适量的清水至没过食材，盖上盖，大火煮开后转小火煮15分钟。

4　掀开锅盖，将煮好的柚子茶盛入碗中，倒入蜂蜜拌匀即可。

小叮咛 ▶▶ 红枣可先在表皮上划一道口子再烹煮，味道更浓郁。

菊花苹果饮

制作时间 25分 人份 1人

原料

苹果·····················100克
干菊花·····················2克
蜜枣·····················35克

调料

冰糖·····················20克

做法

1 洗净的苹果切三瓣，切成小块。

2 往杯中放入苹果、菊花、蜜枣、冰糖，注入100毫升清水，盖上保鲜膜，备用。

3 电蒸锅注水烧开，将杯子放入其中，加盖，蒸20分钟。

4 揭盖，将杯子拿出，揭开保鲜膜即可食用。

小叮咛 ▶▶ 菊花能疏散风热，清肝明目，平肝阳，解毒。

党参菊花汤

制作时间 23分　人份 1入

原料

党参·································· 15克
菊花··································· 6克

做法

1 砂锅中注入适量清水烧开，放入洗净的党参。

2 盖上盖，用小火煮约20分钟，至其释放出有效成分。

3 揭盖，放入洗好的菊花，搅拌均匀。

4 盖上盖，煮约3分钟，至菊花释放出有效成分，揭盖，将煮好的茶水装入碗中即可。

小叮咛　▶▶ 党参可先用温水泡发，这样可以缩短煮茶的时间。

桂圆菊花汤

制作时间 21分　人份 1人

原料

桂圆肉 ·······························20克
菊花································5克

做法

1 砂锅中注入适量清水烧开。

2 放入备好的桂圆肉、菊花。

3 盖上盖，用小火煮约20分钟至食材熟透。

4 揭开盖，搅拌均匀，关火后盛出茶水，装入碗中即可。

 小叮咛 ▶▶▶ 菊花味苦，可以加入适量白糖调味。

桑叶菊花饮

制作时间 20分　入份 1入

原料

桑叶…………………………………3克
菊花…………………………………7克

调料

冰糖………………………………… 15克

做法

1 砂锅中注入适量清水烧开，倒入备好的桑叶、冰糖。

2 盖上盖，用小火煮约15分钟，至药材释放出有效成分。

3 揭开盖，捞出桑叶，用中火保温，备用。

4 取一个茶杯，倒入备好的菊花。

5 盛入砂锅中的药汁，至八九分满，盖上盖，泡约5分钟即可。

 小叮咛 ▶▶▶ 桑叶含有芸香苷、槲皮素、挥发油等营养成分，可以清热解毒。